Akbar John
Zaima Azira Zainal Abidin
Ahmed Jalal Khan Chowdhury

Bioprospects de l'écosystème côtier et gestion durable des ressources

Akbar John
Zaima Azira Zainal Abidin
Ahmed Jalal Khan Chowdhury

Bioprospects de l'écosystème côtier et gestion durable des ressources

ScienciaScripts

Imprint

Any brand names and product names mentioned in this book are subject to trademark, brand or patent protection and are trademarks or registered trademarks of their respective holders. The use of brand names, product names, common names, trade names, product descriptions etc. even without a particular marking in this work is in no way to be construed to mean that such names may be regarded as unrestricted in respect of trademark and brand protection legislation and could thus be used by anyone.

Cover image: www.ingimage.com

This book is a translation from the original published under ISBN 978-620-2-79106-9.

Publisher:
Sciencia Scripts
is a trademark of
Dodo Books Indian Ocean Ltd. and OmniScriptum S.R.L publishing group

120 High Road, East Finchley, London, N2 9ED, United Kingdom
Str. Armeneasca 28/1, office 1, Chisinau MD-2012, Republic of Moldova, Europe
Managing Directors: Ieva Konstantinova, Victoria Ursu
info@omniscriptum.com

Printed at: see last page
ISBN: 978-620-3-50705-8

Contenu

PRÉFACE

Alors que nous sommes sur le point d'entrer dans la période post-pandémie de COVID-19, de nombreux défis doivent être relevés, notamment en ce qui concerne le plan d'action pour la relance économique (post-COVID-19) par l'utilisation durable des ressources naturelles et la mise en œuvre de pratiques de mesure appropriées. Afin de réaliser l'Agenda 2030 des objectifs de développement durable (ODD) des Nations unies, les ressources naturelles doivent être explorées avec sagesse. Les connaissances sur l'écosystème côtier, sa dynamique et les potentiels de bioprospection sont bien abordées à l'échelle mondiale. Cependant, à l'échelle régionale, les potentiels de l'écosystème côtier sont moins explorés en raison de la complexité du système de partage des ressources et de la nature entrelacée de l'intervention de multiples parties prenantes dans la prise de décision. La Malaisie possède un littoral d'une longueur totale d'environ 4809 km (divisé en 1 972 km en Malaisie péninsulaire et 2837 km en Malaisie orientale) qui revêt une importance socio-économique particulière. De nombreux plans d'action stratégiques ont été mis en œuvre pour protéger le littoral de la fragmentation et de la dégradation dues à des causes naturelles et anthropiques.

Les écosystèmes côtiers sont les paysages les plus productifs et les plus précieux. En constante évolution en raison de diverses pressions environnementales et de l'urbanisation, ils sont toujours regroupés sous l'appellation "écosystèmes estuariens et côtiers" (ECE) en raison de leur complexité dans la fourniture de services écologiques. Ce livre a été conçu pour aborder l'importance holistique de l'écosystème côtier et son potentiel de bioprospection, afin d'interconnecter la dynamique de l'écosystème côtier et d'explorer son potentiel de bioprospection. Il s'agit d'un recueil complet de données issues d'études sur les écosystèmes côtiers de Malaisie (en particulier de la côte est de la Malaisie péninsulaire). Le livre se compose de neuf chapitres abordant les questions liées (mais pas seulement) au potentiel de bioprospection comme le dépistage des actinomycètes de l'écosystème côtier, la bioprospection microbienne en utilisant l'approche "omique", l'importance de l'aquaculture multi-trophique intégrée, la diversité biotique et l'érosion du littoral dans l'écosystème côtier. Nous sommes optimistes et pensons que les connaissances approfondies et les idées scientifiques partagées dans cet ouvrage contribueront à la réalisation des objectifs de développement durable dans leur ensemble, et en particulier des objectifs 13, 14 et 15.

Les neuf chapitres abordés dans le présent ouvrage intitulé "*Bioprospects of coastal ecosystem and sustainable resource management*" sont rédigés par plus de 30 chercheurs de diverses disciplines, ce qui témoigne de la connaissance transdisciplinaire offerte dans ce livre. Les lecteurs seront exposés à de nouvelles connaissances dans chaque chapitre et l'agencement des neuf chapitres correspond au sujet central du livre. Les chapitres abordés dans ce livre sont les suivants : 1) Variations saisonnières de la diversité des poissons et de la richesse des espèces dans les eaux côtières de Pekan, Pahang, Malaisie, 2) Étude de l'activité de la glucose-6-phosphate déshydrogénase dans les streptomyces de la mangrove pour la production d'actinohordin et d'undercylprodigiosine, 3) Culture par rapport à l'approche 'Omics' pour la bioprospection microbienne au $^{21\text{ème}}$ siècle : environnement côtier en Malaisie, 4) Aquaculture multi-trophique intégrée en eau libre (IMTA) dans l'écosystème côtier : le statut et les perspectives en Malaisie, 5) Propriétés antioxydantes de la mangrove estuarienne (*Nerita articulata*) de Kuantan, Pahang, Malaisie, 6) Bactéries résistantes aux métaux lourds provenant des sédiments marins de Pantai Balok, Pahang, Malaisie, 7) Tolérance à la salinité et performance de croissance des juvéniles de bar asiatique (*Lates calcarifer*), 8) Revue : diversité des actinomycètes et capacités biosynthétiques de la côte est de la Malaisie péninsulaire et, 9) Changement climatique et défenses côtières en Malaisie : A review. Les figures en couleur ont été incluses dans ce livre de recherche afin de mieux illustrer les caractéristiques de certaines des parties complexes de la discussion. Nous sommes convaincus que ce livre est une valeur ajoutée pour dévoiler les trésors cachés et inexplorés de l'écosystème côtier dynamique de la Malaisie. Nous prévoyons également que les données présentées dans ce livre serviront de référence pour approfondir la recherche et améliorer les pratiques de gestion de l'écosystème côtier en Malaisie.

Rédacteurs en chef
Akbar
John Zaima Azira Zainal
Abidin Ahmed Jalal Khan
Chowdhury

La Malaisie est située en Asie du Sud-Est et comprend deux régions, à savoir la Malaisie péninsulaire et les États de Sabah et Sarawak. La superficie totale des terres s'étend sur 329 293 ^{km2} et la longueur totale du littoral est d'environ 4 809 km. En outre, on compte environ 1 000 îles et récifs coralliens appartenant à la Malaisie. La zone côtière est liée à une importance à la fois socio-économique et environnementale. La majorité des populations occupent cette zone et c'est également un centre d'activités économiques englobant l'aquaculture, l'exploitation du pétrole et du gaz, l'agriculture, le transport et autres. Les zones de mangrove sont l'un des écosystèmes les plus productifs de la planète. Les mangroves servent de pépinière et de lieu de reproduction pour de nombreux poissons et crustacés, et d'habitat pour de nombreuses espèces sauvages.

Le développement progressif des zones côtières à des fins d'urbanisation et d'économie a eu un impact négatif sur l'écosystème environnemental. D'où la nécessité d'instaurer un développement durable pour assurer un équilibre entre développement et protection de l'environnement. La Malaisie a exprimé son engagement à soutenir et à mettre en œuvre l'Agenda 2030 et les Objectifs de développement durable (ODD) et a défini un plan d'action ambitieux pour les personnes, la planète, la prospérité, la paix et le partenariat avec l'objectif de ne laisser personne derrière. La mise en œuvre de pratiques de développement durable et d'approches holistiques dans les zones côtières est donc la clé pour atteindre cet objectif.

Je suis ravi que les chercheurs de la Kulliyyah of Science, IIUM, aient préparé ce livre dans sa forme actuelle avec le titre "*Bioprospects of coastal ecosystem and sustainable resource management*". Le livre aborde diverses questions et le potentiel de bioprospection des écosystèmes côtiers à une échelle plus large qui ouvre des possibilités de discussion intellectuelle dans un avenir proche. L'avènement de la technologie moderne donne un aperçu du potentiel des eaux côtières et a été souligné dans ce livre. Par conséquent, je suis convaincu que les résultats de cette publication fourniront des informations significatives et utiles aux lecteurs pour améliorer leurs connaissances sur les eaux côtières en Malaisie.

Prof. Dr. Kamaruzzaman Yunus
Directeur du
campus de l'Université islamique
internationale de Malaisie,
Campus de
Kuantan
Pahang,
Malaisie

Les approches holistiques et intégrées pour le développement durable et l'utilisation des écosystèmes côtiers font l'objet de nombreuses discussions au sein de la communauté scientifique et des décideurs politiques ces dernières années. À cet égard, l'importance de l'écosystème océanique et de l'utilisation de ses ressources est l'un des principaux objectifs des Nations Unies en matière de développement durable (SDG), en particulier le SDG-14 "Vivre sous l'eau". L'océan couvrant une partie importante de la surface de la terre, on estime que plus de 3 milliards de personnes dépendent des ressources marines et côtières pour leur subsistance. De nos jours, l'écosystème côtier est de plus en plus dégradé ou détruit par de nombreuses activités humaines, ce qui finit par réduire sa capacité à fournir des services écosystémiques essentiels. Finalement, la détérioration de l'écosystème côtier a eu un impact négatif sur le bien-être humain à l'échelle mondiale.

Cela dit, les ressources biologiques de l'écosystème côtier sont moins explorées, notamment en ce qui concerne la disponibilité des ressources potentielles bioactives et leur utilisation durable. Le présent ouvrage, intitulé "Bioprospection de l'écosystème côtier en vue d'une gestion durable des ressources", est un effort opportun des chercheurs de l'Université islamique internationale de Malaisie (IIUM) pour compiler les menaces actuelles qui pèsent sur la gestion de l'écosystème côtier et explorer les possibilités de bioprospection pour un mode de vie durable. Compte tenu du fait que la Malaisie est l'une des nations les plus riches en biodiversité et qu'elle accorde toujours la priorité à la biodiversité en tant que facteur clé dans la feuille de route de la recherche, je suis convaincu que les informations scientifiques partagées par les chercheurs de Malaisie serviront de référence pour l'utilisation future des ressources côtières de manière efficace et ouvriront des portes pour la recherche future.

Bien que le livre traite principalement des résultats scientifiques, j'observe le contenu et l'intention des éditeurs et des auteurs avec l'aide de la vision de l'IIUM qui insiste pour développer des individus holistiques qui peuvent agir en tant que "Khalifa" (c'est-à-dire, leader) et "Rahmathal lil Alameen" (c'est-à-dire, miséricorde pour tous les mondes) véritablement guidés par les principes divins de "*Maqasid al-Shari'ah*". Je félicite les contributeurs pour leur effort sincère et opportun. Conformément à la vision et à la mission de l'IIUM et à l'objectif de réalisation de l'objectif de développement durable à l'horizon 2030, je suis convaincu que ce livre apportera une valeur ajoutée et des informations à un large éventail de lecteurs, notamment des universitaires, des chercheurs, des décideurs, des organisations non gouvernementales (ONG) et des étudiants.

Ahmad Hafiz Bin Zulkifly

Recteur adjoint (responsable de la recherche et
de l'innovation) Université islamique
internationale de Malaisie

Variations saisonnières de la diversité des poissons et de la richesse des espèces dans les eaux côtières, Pekan, Pahang, Malaisie

Akbar John, B. [1*], Khuraisha, N. [2], Jalal, K.C.[A2*]. Najiah, M. [3] et Nadirah, M3

[1Institut] d'océanographie et d'études maritimes (INOCEM),
2Département des sciences marines, Kulliyyah of Science, International Islamic University Malaysia (IIUM), Kuantan 25200, Pahang Malaysia.
[3Faculté] de la pêche et des sciences alimentaires, Universiti Malaysia Terengganu (UMT), 21030 Kuala Nerus, Terengganu.
[*Auteur correspondant] : akbarjohn50@gmail.com, *jkchowdhury@iium.edu.my*

RÉSUMÉ

Cette étude a été menée d'avril 2019 à octobre 2019 pour étudier les variations saisonnières sur la diversité des poissons et la richesse des espèces dans les eaux côtières de Pekan, Pahang (Pantai Sepat, Cherok Paloh et Tanjung Selangor), Malaisie. Un total de 5341 individus de poissons a été enregistré, comprenant 47 familles et 108 espèces, dont 2444 individus enregistrés pendant la saison sans mousson et 2897 individus pendant la mousson. Les familles les plus dominantes étaient les Nemipteridae, suivies des Lutjanidae et des Carangidae. La plus grande richesse en espèces a été observée pendant la saison sans mousson avec 95 espèces. L'indice de Shannon-Weaver (H'), l'indice de diversité de Simpson (1-D) et l'indice de Berger-Parker ont été appliqués pour démontrer la diversité, la richesse, la régularité et la dominance des espèces de poissons dans les zones d'échantillonnage et les valeurs globales pour la saison sans mousson sont respectivement de 3,284, 0,9326 et 0,1335 tandis que pour la saison de mousson sont respectivement de 2,766, 0,8798 et 0,2751. L'indice de diversité élevé (Shannon-Weaver et Simpson) a été observé dans la saison sans mousson. Cette étude a également démontré que les variations saisonnières seules ne peuvent pas influencer le nombre d'espèces dans une population le long des eaux côtières de Pekan. Cependant, le statut des activités de pêche, les espèces de poissons collectées et la qualité de l'eau le long des eaux côtières de Pekan doivent être surveillés fréquemment pour une récolte durable des espèces commerciales dans les eaux côtières de Pahang, Malaisie.

Mots clés : Biodiversité ; Distribution des poissons ; Écologie ; Richesse des espèces.

INTRODUCTION

La Malaisie, l'une des nations les plus riches en biodiversité, abrite un total de 1951 espèces de poissons d'eau douce et de mer appartenant à 704 genres et 186 familles, dont la moitié est actuellement menacée et près d'un tiers provient principalement des habitats marins et coralliens (Chong et al., 2010). Plus précisément, la côte est de la Malaisie péninsulaire est une zone de pêche sensible aux activités de prises accessoires des pêcheurs malaisiens et vietnamiens. Il a été observé que des pratiques de pêche sans discernement ont été menées le long des eaux côtières de Pahang pendant une décennie, ce qui pourrait être responsable du déclin progressif des ressources halieutiques dans cette zone côtière fascinante à long terme. En fait, l'observation personnelle du pêcheur local a également indiqué que la réduction du nombre de plusieurs espèces est due à plusieurs facteurs tels que les intrusions massives des pêcheurs vietnamiens dans les eaux internationales près de la ZEE malaisienne. La plupart des espèces telles que le baliste étoilé, le poisson solitaire, le requin tigre et le requin marteau sont difficiles à trouver de nos jours. Selon Fazly et al, (2018), un bateau de pêche étranger trouvé comme étant du Vietnam avait fait intrusion dans les eaux côtières malaisiennes pour pêcher le [11] mai 2019. En outre, la Malaysian Society of Marine Sciences a déclaré que la mer rouge contaminée par la bauxite au large

1

de la zone côtière de Pahang est vouée à être une "mer morte" : pendant trois ans. Cela est dû à l'augmentation du ruissellement de la terre ocre-rouge des mines et des stocks situés à Kuantan.

La gestion des pêches a toujours pris en compte les aspects biologiques, technologiques, économiques, sociaux, environnementaux et commerciaux pertinents de l'industrie afin de garantir une conservation et une gestion efficaces des ressources halieutiques.

la gestion de toutes les ressources halieutiques. Déterminer le potentiel actuel des ressources a toujours été une considération importante pour les gestionnaires de la pêche. [DOF 2015]. Divers problèmes et défis de gestion qui ont un impact important sur la capacité de pêche sont identifiés comme suit : i. Ressources surexploitées, ii. Données actualisées inadéquates sur les ressources halieutiques, iii. Capacité et aptitude inadéquates pour le suivi et la surveillance, vi. Sensibilisation et participation insuffisantes du public.

Les études non publiées menées à Pantai Sepat par Jalal et al. (2012) ont montré que cette zone n'est pas très diversifiée en espèces. Cependant, il n'y a pas eu d'études précédentes sur la diversité des poissons le long des eaux côtières de Pekan, Pahang (Pantai Sepat à Tg. Selangor - la zone intermédiaire de Kuala Pahang) qui sont la zone la plus vitale pour les activités de pêche dans les eaux côtières de Pahang. Par conséquent, la présente étude visait à étudier la diversité et la distribution des poissons et leurs variations saisonnières dans les eaux côtières de Pahang, en Malaisie.

MATÉRIAUX ET MÉTHODES

Lieu d'échantillonnage du poisson

La zone d'étude est basée sur les environnements marins qui s'étendent le long des eaux côtières de Pahang, de 3,40155 ºN à 3,34894 ºN et 103,21174 ºE à 103,25089 ºE environ 16 km (Fig 1). Les zones côtières de Pahang, telles que Cherating, Teluk Cempedak, Tanjung Lumpur et Pantai Sepat, deviennent les plages les plus attrayantes en offrant de beaux paysages et des activités récréatives (Azid et al., 2015 ; Tobergte & Curtis, 2013). L'échantillonnage des poissons a été effectué d'avril 2019 à octobre 2019 en couvrant la diversité et la distribution des poissons de Pantai Sepat, Cherok Paloh et Tanjung Selangor près de Kuala Pahang pendant les saisons de mousson et de non-mousson. L'échantillonnage a été effectué à midi car la plupart des pêcheurs débarquent leur bateau à cette heure. Cinq années (2014 à 2018) de données cumulées obtenues sur le site World Weather Online ont montré que la vitesse du vent la plus élevée a eu lieu en 2016. Le mois le plus humide avec les plus fortes précipitations est décembre (563,9 mm) tandis que le mois le plus sec avec les plus faibles précipitations est février (142 mm) (MMD, 2019).

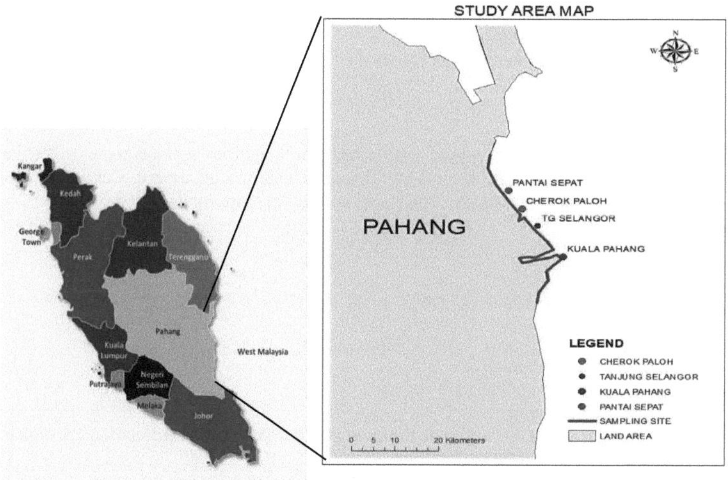

Fig. 1 : Localisation des sites d'échantillonnage.

Collecte de données et identification des poissons

Les spécimens ont été collectés sur les sites de débarquement des poissons au marché près de Pantai Sepat deux fois par mois. Les poissons ont été triés par espèce et les longueurs standard ont été prises à l'aide d'une règle et d'une planche de montage sur le terrain lorsque cela était possible. Tous les poissons capturés ont été comptés et photographiés à l'aide d'un appareil photo haute résolution. Les échantillons de poissons collectés dans les zones d'étude ont été identifiés sur la base de leurs caractères morphométriques et méristiques selon la technique mentionnée par Mansor et al, (1998) ; Ambak et al (2010). Les données environnementales telles que la température et les précipitations ont été obtenues à partir du site World Weather Online.

Analyse des données et

des logiciels Indice de

diversité de Shannon

L'indice de diversité calculé à l'aide de l'indice de diversité de Shannon-Weaver est utilisé pour caractériser la diversité des espèces dans une communauté et tient compte à la fois de l'abondance et de la régularité des espèces présentes. Cet indice est le plus favorisé par rapport aux autres indices. Habituellement, les valeurs sont comprises entre 0,0 et 5,0 et les résultats obtenus sont compris entre 1,5 et 3,5. Sur la base de cet indice, l'état de l'habitat peut être identifié. La structure de l'habitat est considérée comme stable et équilibrée lorsque les valeurs sont supérieures à 3,5, tandis que les valeurs inférieures à 1,0 indiquent que la structure de l'habitat est déjà dégradée et polluée. Par conséquent, cet indice est très important pour connaître l'environnement en général.

Formule

$$H' - \Sigma\,[\,ni\,/\,N)\,x\,(\ln ni\,/\,N)]$$

où,

H' : Indice de diversité de Shannon
ni : Nombre d'individus appartenant à l'espèce i
N : Nombre total d'individus

Indice de diversité de Simpson
Ensuite, l'indice de dominance (D) de Simpson a été utilisé pour quantifier la biodiversité de l'habitat qui prend en compte le nombre d'espèces, ainsi que l'abondance de chaque espèce. Cet indice varie entre 0 et 1. Cependant, le résultat est soustrait de 1 pour corriger la proportion inverse.

<u>Formule</u>

$$1 - D\ [\Sigma\ ni\ (ni - 1)]\ /\ N\ (N-1)$$

où,

D : Indice de diversité de Simpson
ni : Nombre d'individus appartenant à l'espèce i
N : Nombre total d'individus
Ensuite, la forme réciproque (1/D) de l'indice de Simpson est adoptée pour l'interprétation des données.

Index Berger- Parker
Cet indice permet de mesurer l'importance proportionnelle des espèces les plus abondantes. Comme l'indice de Simpson, la réciproque de l'indice, 1/d est souvent utilisée de sorte que l'augmentation de la valeur de l'indice représente une augmentation de la diversité et une réduction de la dominance.

<u>Formule</u>

$$d = N_{max} / N$$

où,

N_{max} : Nombre d'individus de l'espèce la plus abondante

N : Nombre total d'individus dans l'échantillon

Les indices de diversité et de richesse des espèces, l'indice de Shannon-Weaver (H'), l'indice de Simpson [1-D ou 1/D] et l'indice de dominance de Berger-Parker ont été calculés à l'aide de Biodiversity Pro V2 (Shannon et Weaver, 1949 ; Simpson, 1949 ; Caruso et al., 2007). Toutes les analyses logicielles sont effectuées à l'aide de PAST326, tandis que l'analyse statistique est réalisée à l'aide de SPSS 25v.

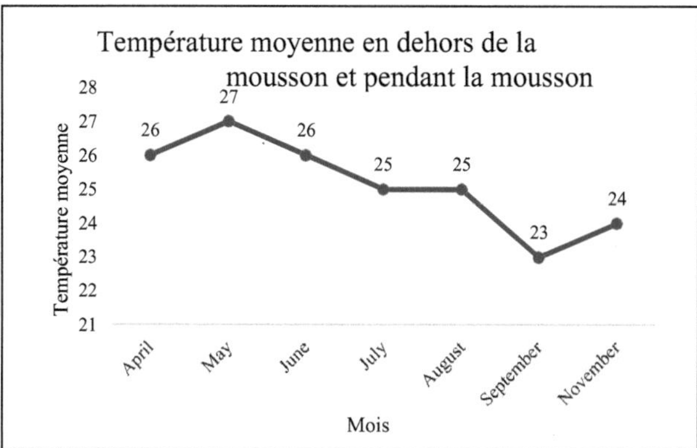

Fig. 2 : Température moyenne de Pekan, Pahang pendant les saisons de mousson et de non-mousson.

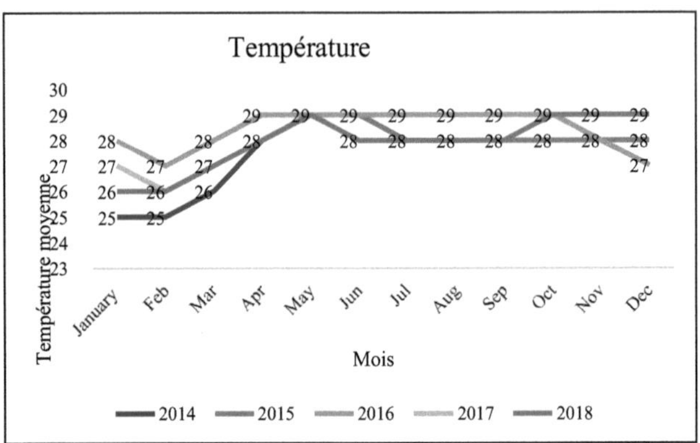

Fig. 3 : Données météorologiques sur cinq ans de la température moyenne à Pekan, Pahang.
(*sources : https://www.worldweatheronline.com/pekan-weather-history/pahang/my.aspx*)

La température moyenne enregistrée pendant la saison hors mousson a varié entre 25°C et 27°C, la plus basse ayant été enregistrée en juillet et août et la plus haute en mai (Fig 2). Pendant la saison de la mousson, la température moyenne la plus élevée a été enregistrée en octobre (24°C) et la plus basse (23°C) a été enregistrée en septembre. Les cinq années de données météorologiques (2014-2018) ont révélé que la température a varié entre 25°C et 29°C (Fig 3). La température est légèrement augmentée de 1°C chaque année. De juillet à août, la température est constamment stagnante à 28°C de 2014 à 2018.

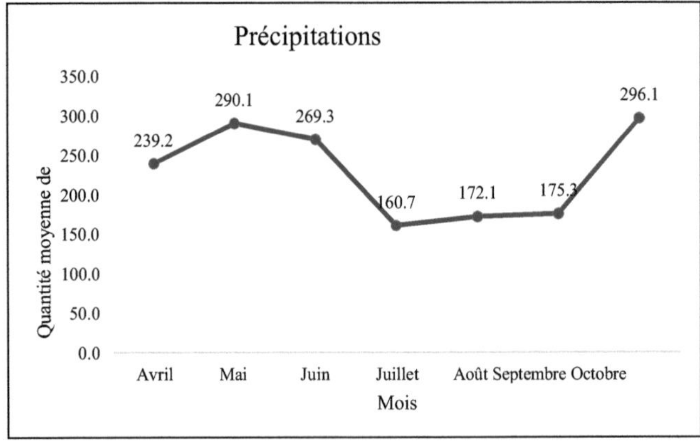

Fig. 4 : Précipitations moyennes (mm) à Pekan, Pahang, en dehors de la mousson et pendant la mousson.

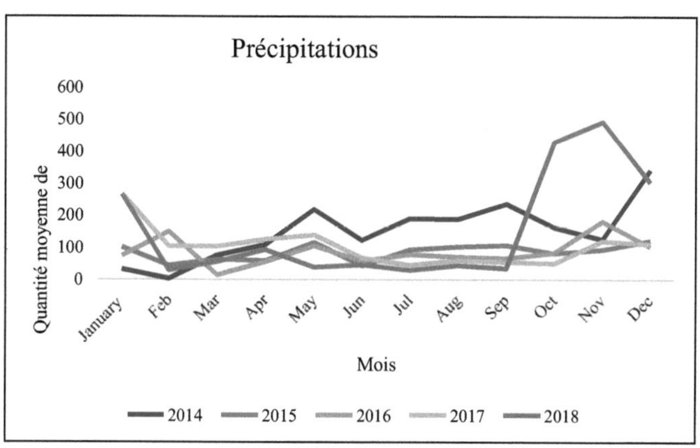

Fig. 5 : Données quinquennales de la quantité moyenne de précipitations (mm) à Pekan, Pahang
(*sources : https://www.worldweatheronline.com/pekan-weather-history/pahang/my.aspx*)

Pendant la saison hors mousson, la quantité moyenne de pluie la plus élevée (mm) a été enregistrée en mai (290,1 mm) et la plus faible en juillet (160,7 mm). Pendant la saison de mousson, les précipitations moyennes les plus élevées (mm) ont été enregistrées en octobre (296,1 mm) et les plus faibles en septembre (175,3 mm). La tendance des données météorologiques sur cinq ans a montré que les précipitations ont atteint un maximum de 494,1 mm en novembre à Pekan, Pahang, et un minimum de 2,53 mm en février (Fig. 4). La température de l'air a varié entre 25°C et 29°C le long des années de 2014 à 2018 (Fig 5).

Tableau 1 : Liste des espèces identifiées dans les eaux côtières de Pekan, Pahang

Classe	Commandez	Famille	Espèce
	Beryciformes	Holocentridae	*Sargocentron rubrum*
	Beryciformes	Holocentridae	*Myripistis hexagona*
	Mugiliformes	Mugilidae	*Valamugil speigelri*
	Clupeiformes	Clupeidae	*Sardinella melanura*
	Clupeiformes	Chirocentridae	*Chirocentrus dorab*
Actinopterygii	Clupeiformes	Eugraulidae	*Thryssa mystax*
	Siluriformes	Ariidae	*Arius maculatus*
	Siluriformes	Plotosidae	*Plotosus canius*
	Gadiformes	Batrachoididae	*Batrachomoeus trispinosus*
	Perciformes	Carangidae	*Selaroides leptolepis*

Perciformes	Carangidae	*Selar boops*
Perciformes	Carangidae	*Maté Atule*
Perciformes	Carangidae	*Tranchinotus blochii*
Perciformes	Carangidae	*Alectis indicus*
Perciformes	Carangidae	*Alectis ciliaris*
Perciformes	Carangidae	*Carangoides malabaricus*
Perciformes	Carangidae	*Megalaspis cordyla*
Perciformes	Caesionidae	*Caesio rusé*
Perciformes	Caesionidae	*Caesio caerulaurea*
Perciformes	Chaetodontidae	*Coradion chrysozonus*
Perciformes	Chaetodontidae	*Chelmon rostratus*
Perciformes	Drepaneidae	*Drepane longimana*
Perciformes	Drepaneidae	*Drepane punctata*
Perciformes	Ephippidae	*Platax teira*
Perciformes	Gerreidae	*Gerres oyena*
Perciformes	Gerreidae	*Gerres erythrourus*
Perciformes	Haemulidae	*Pomadasys maculatus*
Perciformes	Haemulidae	*Pomadasys kaakan*
Perciformes	Haemulidae	*Diagramma punctatum*
Perciformes	Haemulidae	*Plectorhincus gaterinus*
Perciformes	Lactariidae	*Lactarius lactarius*
Perciformes	Lethrinidae	*Lethrinus lentjan*
Perciformes	Lethrinidae	*Letrinus miniatus*
Perciformes	Lethrinidae	*Lethrinus genivittatus*
Perciformes	Lethrinidae	*Letrinus ornatus*
Perciformes	Lethrinidae	*Gymnocranius frenatus*
Perciformes	Lutjanidae	*Lutjanus vitta*
Perciformes	Lutjanidae	*Lutjanus ruselli*
Perciformes	Lutjanidae	*Lutjanus malabaricus*

Perciformes	Lutjanidae	*Lutjanus lutjanus*
Perciformes	Mullidae	*Upenus tragula*
Perciformes	Mullidae	*Upeneus japonicus*
Perciformes	Nemipteridae	*Pentapodus setosus*
Perciformes	Nemipteridae	*Scolopsis monograma*
Perciformes	Nemipteridae	*Nemipterus furcosus*
Perciformes	Nemipteridae	*Scolopsis taenioptera*
Perciformes	Nemipteridae	*Scolopis affinis*
Perciformes	Pomacanthidae	*Chaetodontoplus mesoleucus*
Perciformes	Rachycentridae	*Rachycentron canadum*
Perciformes	Serranidae	*Epinephelus areolatus*
Perciformes	Serranidae	*Cephalopholis urodeta*
Perciformes	Serranidae	*Cephalopholis cyanostigma*
Perciformes	Serranidae	*Epinephelus formosa*
Perciformes	Serranidae	*Epinephelus coiodes*
Perciformes	Serranidae	*Cephalopholis boenack*
Perciformes	Serranidae	*Plectropomus maculatus*
Perciformes	Serranidae	*Diplorion bifasciatum*
Perciformes	Serranidae	*Epinephelus sexfasciatus*
Perciformes	Labridae	*Choerodon schoenleinii*
Perciformes	Labridae	*Cheilinus trilobatus*
Perciformes	Labridae	*Cheilinus chlorourus*
Perciformes	Polynemidae	*Eleutheronema tetradactylus*
Perciformes	Pomacentridae	*Abudefduf bengalensis*
Perciformes	Pomacentridae	*Pomacanthus annularis*
Perciformes	Scaridae	*Scarus ghobban*
Perciformes	Scatophagidae	*Siganus guttatus*
Perciformes	Scombridae	*Scomberoides commersonnianus*
Perciformes	Scombridae	*Scomberoides tala*

	Perciformes	Scombridae	*Rastrelliger brachysoma*
	Perciformes	Scombridae	*Rastrelliger kanagurta*
	Perciformes	Sciaenidae	*Paranibea semiluctuosa*
	Perciformes	Sparidae	*Terapon jarbua*
	Perciformes	Sparidae	*Dextex tumifrons*
	Perciformes	Sphyreanidae	*Sphyraena flavicaudas*
	Perciformes	Sphyreanidae	*Sphyraena putnamae*
	Perciformes	Sphyreanidae	*Sphyraena forsteri*
	Perciformes	Sphyreanidae	*Sphyraena jello*
	Perciformes	Siganidae	*Siganus javus*
	Perciformes	Siganidae	*Siganus fuscescens*
	Perciformes	Siganidae	*Siganus vulpinus*
	Perciformes	Siganidae	*Siganus canaliculatus*
	Perciformes	Toxotidae	*Toxotes chatareus*
	Pleuronectiformes	Cynoglossidae	*Cynoglossus bilineatus*
	Pleuronectiformes	Psettodidae	*Psettodes erumei*
	Clupeiformes	Clupeidae	*Sardinella melanura*
	Carcharhiniformes	Scyliorhinidae	*Atelomycterus marmoratus*
	Orectolobiformes	Hemiscyllidae	*Chiloscyllium griseum*
	Orectolobiformes	Hemiscyllidae	*Chiloscyllium punctatum*
	Orectolobiformes	Brachaeluridae	*Brachaelurus colcloughi*
	Myliobatiformes	Dasyatidae	*Taeniura lymma*
	Myliobatiformes	Dasyatidae	*Dasyatis ushie*
Chondrichthyes	Myliobatiformes	Dasyatidae	*Pastinachus sephen*
	Myliobatiformes	Dasyatidae	*Himantura gerradi*
	Myliobatiformes	Dasyatidae	*Dasyatis parvonigra*
	Myliobatiformes	Myliobatidae	*Aetobatus narinari*
	Rajiformes	Rajidae	*Rhycobatus australiae*
	Tétraodontiformes	Balistiidae	*Abalistes stellaris*

Tétraodontiformes	Diodontidae	*Diodon hystix*
Tétraodontiformes	Monocanthidae	*Chaetodermis penicilligerus*
Tétraodontiformes	Monocanthidae	*Monacanthus chinensis*
Tétraodontiformes	Monacanthidae	*Aluterus scriptus*
Tétraodontiformes	Monocanthidae	*Aluterus monocerus*
Tétraodontiformes	Monocanthidae	*Pseudomonacanthus macrurus*
Tétraodontiformes	Ostraciidae	*Ostracion cubicus*
Tétraodontiformes	Ostraciidae	*Ostracion nasus*
Tétraodontiformes	Tetraodontidae	*Lagocephalus suezensis*
Tétraodontiformes	Tetraodontidae	*Arothron immaculatus*
Tétraodontiformes	Tetraodontidae	*Arothron mappa*

Un total de 5341 individus a été enregistré qui comprend 47 familles appartenant à 75 genres de 108 espèces tout au long de la période d'échantillonnage (avril 2019 jusqu'à octobre 2019) de l'eau côtière Pekan, Pahang de (Tableau 1). Les poissons capturés étaient dominés par la famille Nemipteridae, suivie de la famille Lutjanidae et Carangidae. Ces 47 familles ont été classées dans les classes Chondrichthyes et Osteichthyes, qui ont joué un rôle essentiel dans la composition des espèces de poissons dans les eaux côtières de Pekan. La classe Osteichthyes (poissons à nageoires rayonnées) a été observée comme la plus grande classe de vertébrés avec 50 espèces trouvées dans cette étude. Les poissons de cette classe ont été identifiés par les rayons des nageoires et les écailles sur leur corps (ganoïde, cycloïde ou cténoïde).

Parmi les autres familles de cette étude, la famille des Nemipteridae était dominante en contribuant à 36,01% du total des poissons capturés dans la zone d'étude pendant les saisons de non-mousson et de mousson avec un indice de diversité (H') de 1,376 et 1,115 respectivement. La famille des Nemipteridae comprend 5 espèces : *Pentapodus setosus, Scolopsis monogramma, Nemipterus furcosus, Scolopsis taenioptera* et *Scolopsis affinis*. Cette famille ou également connue sous le nom de dorade-filet est un poisson démersal commun de l'Indo-Pacifique qui comprend 3 genres : *Nemipterus, Pentapodus* et *Scolopsis*. Parmi toutes les espèces de la famille Nemipteridae, *Nemipterus furcosus* était la dominante parmi les 5 espèces.

Sur la base des échantillons collectés, Nemipterus *furcosus* est considéré comme l'espèce dominante en raison de sa plus grande abondance, puisqu'il contribue pour 43% au nombre d'individus capturés dans la zone d'échantillonnage. Le nombre le plus élevé a été enregistré en octobre. La deuxième espèce la plus importante est également de la famille des Nemipteridae, *Pentapodus setosus*, qui contribue à hauteur de 29%. *Scolopsis monogramma, Scolopsis taenioptera* et *Scolopsis affinis* ont été enregistrées par le nombre total d'individus capturés 413, 159 et 66 respectivement. *Nemipterus furcosus* et *Scolopsis taenioptera* ont été capturés le plus en octobre avec 542 individus et 80 individus, *Scolopsis monogramma*, a été enregistré le plus en août, tout comme *Scolopsis affinis*.

Tableau 2 : variation saisonnière du pourcentage d'abondance des poissons (%) dans les eaux côtières de Pekan, Pahang.

Non-mousson		Mousson	
Famille	**Abondance (%)**	**Familles**	**Abondance (%)**
Nemipteridae	36.01%	Nemipteridae	48.71%
Lutjanidae	21.85%	Lutjanidae	15.91%
Carangidae	5.73%	Carangidae	11.25%
Serranidae	3.89%	Serranidae	4.45%
Sparidae	3.31%	Haemulidae	3.59%
Siganidae	2.70%	Siganidae	2.52%
Mullidae	2.54%	Monocanthidae	2.38%
Caesionidae	2.25%	Sparidae	1.79%
Dasyatidae	2.25%	Scombridae	1.59%
Haemulidae	1.55%	Tetraodontidae	1.24%
Monocanthidae	1.55%	Caesionidae	1.24%
Rajidae	1.51%	Mullidae	0.90%
Ariidae	1.31%	Ariidae	0.86%
Scaridae	1.19%	Lethrinidae	0.76%
Chirocentridae	1.15%	Holocentridae	0.48%
Tetraodontidae	1.10%	Sphyreanidae	0.48%
Hemiscyllidae	1.06%	Gerreidae	0.35%
Brachaeluridae	0.90%	Scaridae	0.24%
Scombridae	0.90%	Brachaeluridae	0.17%
Sciaenidae	0.86%	Eugraulidae	0.14%
Gerreidae	0.82%	Ostraciidae	0.14%
Holocentridae	0.82%	Balistiidae	0.10%
Scatophagidae	0.74%	Chaetodontidae	0.10%
Sphyreanidae	0.74%	Cyglossidae	0.07%
Lethrinidae	0.41%	Drepaneidae	0.07%
Drepaneidae	0.37%	Ephippidae	0.07%

Chaetodontidae	0.33%	Batrachoididae	0.03%
Toxotidae	0.33%	Chirocentridae	0.03%
Polynemidae	0.49%	Dasyatidae	0.03%
Ostraciidae	0.29%	Hemiscyllidae	0.10%
Labridae	0.20%	Lactariidae	0.10%
Scyliorhinidae	0.20%	Labridae	0.03%
Pomacentridae	0.08%	Pomacentridae	0.03%
Mugilidae	0.08%		
Ephippidae	0.08%		
Eugraulidae	0.08%		
Rachycentridae	0.08%		
Clupeidae	0.04%		
Diodontidae	0.04%		
Myliobatidae	0.04%		
Pomacanthidae	0.04%		
Psettodidae	0.04%		
Plotosidae	0.04%		

La famille des Nemipteridae est un poisson de fond qui vit sur les fonds de boue et de sable dans les eaux côtières et les eaux du plateau continental. Les caractères de cette famille sont des poissons sparoïdes allongés à modérément profonds, comprimés, de taille petite à moyenne. Chez *Nemipterus* et *Pentapodus, la* bouche est terminale, petite à modérée ; modérément protrusible ; les dents des mâchoires sont coniques, des canines élargies sont présentes. La couleur du corps semble être extrêmement émergente, souvent rosâtre ou rougeâtre avec des marques rouges, jaunes ou bleues. Les pêcheurs capturent souvent ces daurades car elles sont très demandées sur le marché.

La famille Lutjanidae était la deuxième famille la plus importante capturée dans cette zone d'étude en contribuant 21,85% de tous les poissons capturés pendant la saison hors mousson. La famille des Lutjanidae de la zone d'échantillonnage était composée de *Lutjanus vitta, Lutjanus ruselli,* et *Lutjanus lutjanus. Les* pourcentages d'espèces de cette famille étaient les suivants : *Lutjanus vitta* : 38%, *Lutjanus ruselli* : 1%, *Lutjanus lutjanus* : 61% (Tableau 2).

Tableau 3 : La diversité et l'indice de dominance des poissons identifiés dans les sites d'échantillonnage.

Variations saisonnières	Nombre total d'espèces trouvées	H'	1-D	BP
Hors mousson	92	3.284	0.9326	0.1335
Mousson	67	2.766	0.8798	0.2751

La valeur de l'indice de diversité de Shannon Weaver (H'), l'indice de Simpson et l'indice de Berger Parker ont été calculés en fonction des variations saisonnières. Après avoir calculé l'ensemble des échantillons (108), la valeur totale de H' a été trouvée
3,288 pendant la saison hors mousson et 2,766 pendant la mousson. Il n'y a pas de différence significative (p>0,05) entre les deux moussons. Pendant la saison sans mousson, l'indice de diversité de Shannon le plus élevé (2,978) a été trouvé en juin et le plus bas (2,466) en mai. Parallèlement, l'indice de diversité de Shannon le plus élevé (2,884) a été trouvé en septembre et le plus bas (2,244) en octobre pendant la mousson. L'indice de diversité de Simpson, (1/D) était le plus élevé (0,9327) pendant la saison sans mousson par rapport à la saison sans mousson (0,8798). L'indice de dominance de Berger-Parker (a/d) a montré que la dominance des espèces était plus élevée pendant la saison de la mousson avec 0,2751 par rapport à la saison sans mousson (0,1334) (Tableau 3).

DISCUSSION

Le déclin des poissons est généralement dû à plusieurs facteurs tels que la surexploitation des espèces, l'introduction d'espèces envahissantes, la pollution urbaine et industrielle ainsi que la perte d'habitat de la biodiversité aquatique dans les environnements d'eau douce et marins. Par conséquent, les précieuses ressources aquatiques sont de plus en plus exposées aux changements environnementaux naturels et artificiels. Ainsi, une stratégie de conservation pour protéger et conserver la vie aquatique est nécessaire pour maintenir l'équilibre de la nature et soutenir la disponibilité des ressources pour les générations futures (Ahmad Azfar, 2009). La mer de Chine méridionale se trouve dans la zone tropicale de l'océan Pacifique occidental, au large du coin sud-est du continent asiatique, et est connue à la fois pour sa forte productivité et la riche diversité de ses plantes et de ses animaux. Dans cette étude, un total de 5341 individus a été enregistré qui se compose de 47 familles et 108 espèces de l'eau côtière Pekan, Pahang dont 2444 individus enregistrés pendant la saison de non-mousson et 2897 individus pendant la saison de mousson.

Des études similaires ont été menées par d'autres chercheurs dans la mer de Chine méridionale. Randall et Lim (2000) ont répertorié au moins 3 365 espèces de poissons marins de la mer de Chine méridionale. Mohsin et Ambak (1996) ont rapporté 710 espèces de poissons marins des eaux malaisiennes et des mers adjacentes. Adrim et al. (2004) ont enregistré 430 espèces de poissons marins des îles Anambas et Natuna sur le plateau de la Sonde entre la péninsule malaise et Bornéo dans la mer de Chine méridionale. Plus récemment, Ambak et al. (2010) ont estimé à 2 243 le nombre d'espèces de poissons présentes dans les eaux malaisiennes et à 26 % les 441 espèces de poissons enregistrées par Matsunuma et al. (2011) dans les eaux de Terengganu.

Les études de terrain sur les poissons à Terengganu en 2008-2009 ont enregistré 441 espèces de poissons marins et estuariens de 108 familles, ce qui représente environ 13 % des plus de 3 365 espèces de poissons enregistrées par Randall et Lim (2000) dans la mer de Chine méridionale. La morphologie, l'écologie, la distribution, les spécimens avec photos et la littérature des poissons (300 familles avec 3086 espèces) qui se trouvent principalement dans la mer de Chine méridionale ont été recueillis par la *base de données de poissons de Taiwan* (Shao 2011).

Selon Wang et al., (2012), 95 espèces dans 86 genres de 69 familles ont été identifiées en utilisant le codage à barres de l'ADN dans deux régions de la mer de Chine méridionale : les îles Spratly et le golfe de Beibu. De même, Adrim et al. (2004) ont enregistré 430 espèces de poissons marins dans les îles Anambas et Natuna sur le plateau de la Sonde entre la péninsule malaise et Bornéo dans la mer de Chine méridionale. Mohsin et Ambak (1996) ont rapporté 710 espèces de poissons marins des eaux malaisiennes et des mers adjacentes.

D'après l'indice de Shannon-Weaver, la saison sans mousson est plus diversifiée que la saison de mousson. Cependant, il n'y a pas de différence significative entre les deux saisons. De même, l'indice de diversité de Simpson (1/d) a montré que la saison hors mousson est plus diversifiée que la saison de mousson. Selon Alonso et al, (2017), le cycle annuel de la mousson est une force naturelle majeure qui influence les organismes marins dans les régions tropicales. Une étude a été menée par (Al, 2007) a rapporté que la température affecte de manière significative la dispersion des larves marines en raison de la vitesse des processus biochimiques dans les organismes contrôlés par la température. Par conséquent, les processus au niveau de la population, de l'espèce et de la communauté ont été affectés. Par la fluctuation de la température, le nombre et la diversité des espèces adultes changent dans l'environnement marin comme les larves.

le temps de développement est en train de changer. Il était évident que les valeurs des paramètres de qualité de l'eau ou l'effet de l'augmentation de la pression de pêche seraient responsables des différences dans la diversité des espèces dans divers habitats de la mer (Komsari et al, 2015 ; Jalal, et al, 2012 a, b). Nos données de qualité de l'eau du département météorologique le long de l'eau côtière Pekan ont montré qu'il n'y avait pas de fluctuations majeures dans les paramètres physiques (données de température et de précipitations) au cours de la période d'étude. Peut-être que la quantité de pluie avec la gamme existante de la température pourrait être deux facteurs principaux dans le déclenchement des poissons capturés pour lancer des activités de frai et l'augmentation de l'abondance de trois familles (Nemipteridae suivi par Lutjanidae et la famille Carangidae) dans la zone d'échantillonnage.

Dans cette étude, la famille Nemipteridae a enregistré l'indice de Shannon-Weaver le plus élevé pendant la saison de la mousson par rapport à la saison hors mousson. Cette zone pourrait être une zone de frai comme cela a été rapporté par les pêcheurs lorsqu'ils ont observé des poissons, des œufs et des alevins autour de la zone d'étude. En outre, les poissons appartenant à cette famille peuvent se déplacer principalement sous forme de bancs pour se nourrir principalement d'autres petits poissons, de céphalopodes, de crustacés et de polychètes. En fait, la capture la plus élevée de cette famille pourrait également être due à la forte demande sur le marché car il s'agit de pêches commerciales et artisanales. De même, les familles trouvées dans cette zone sont Lutjanidae, Caesionidae, Lethrinidae et Haemulidae. Il a été observé que les différentes espèces ont des périodes de frai et des habitats différents.

Par conséquent, les Lutjanidae sont les deuxièmes plus grands individus capturés au cours de la période d'échantillonnage. Cette famille est également connue sous le nom de vivaneaux et contient plus de 100 espèces de poissons tropicaux et subtropicaux. L'indice de Shannon-Weaver de ces poissons est plus élevé pendant la mousson que pendant les autres saisons. Selon la Communauté du Pacifique, cette famille se reproduit généralement au fil des ans dans des eaux plus chaudes, mais, pendant les mois les plus chauds, elle se déplace vers des eaux plus fraîches, en particulier le long des récifs extérieurs et des canaux pour se reproduire. Selon Al (2007), la distance parcourue par les larves varie en fonction de la température de l'océan. Il a été constaté que les larves d'une même espèce voyagent davantage dans les eaux froides que dans les eaux chaudes. Dans les eaux froides, les alevins se développent plus lentement et dérivent davantage avant d'entamer leur prochain stade de développement en raison du ralentissement du métabolisme causé par les températures froides. Les œufs fécondés de la plupart des vivaneaux liés aux récifs qui dérivent avec les courants pendant environ un mois éclosent en petites formes. Après 3 à 8 ans, les juvéniles deviennent un adulte mature et sont exposés aux zones d'eaux côtières ouvertes. Ainsi, ils sont facilement capturés car ils se rassemblent en grands groupes pour se reproduire, ce qui était évident pendant notre période d'étude le long des zones de pêche de l'eau côtière Pekan.

La troisième famille très diversifiée enregistrée pour cette étude est celle des Carangidae, qui a contribué à hauteur de 5,73 % pendant la saison sans mousson et de 11,25 % pendant la mousson. L'habitat favorable de cette famille est l'eau côtière dans les eaux tropicales et tempérées du monde entier. La plupart des espèces se déplacent en bancs, à l'exception d'*Alectis* ; certaines espèces sont largement distribuées et les jeunes se trouvent généralement dans des environnements saumâtres, d'autres (*Elagatis* et *Naucrates*) sont des poissons pélagiques qui se trouvent généralement à la surface ou près de la surface dans les eaux océaniques. Parmi ces familles, plusieurs espèces ont été identifiées : *Selaroides leptolepis, Selar boops, Atule mate, Tranchinotus blochii, Alectis indicus, Alectis ciliaris, Carangoides malabaricus,* et *Megalaspis cordyla. Atule mate* est le plus grand individu capturé à la fois dans la mousson et hors mousson. Selon Mundy (2005), les adultes peuvent être trouvés dans les zones de mangrove et les baies côtières dans les eaux pélagiques. En outre, une forme de banc peut être enregistrée dans les eaux côtières (Smith-Vaniz., 1999). Leur nourriture se compose principalement de crustacés et de vertébrés planctoniques tels que les copépodes (Allen et al., 2012 ; Fischer et al., 1990).

CONCLUSION

Un total de 5341 individus comprenant 75 genres, 47 familles et 108 espèces a été enregistré dans les eaux côtières de Pekan, Pahang, Malaisie. Les poissons capturés étaient dominés par les Nemipteridae suivis des Lutjanidae et la famille des Carangidae était très diversifiée dans la zone d'étude. La présence d'alevins de différentes tailles dans le filet de pêche indique que la zone de frai des espèces de ces trois (3) familles pourrait être située le long des eaux côtières de Pekan. Globalement, la grande diversité des espèces dans la zone d'échantillonnage pourrait suggérer qu'il y a

Il pourrait y avoir de nombreuses espèces prospères et un écosystème plus stable. En outre, un réseau alimentaire complexe et des changements environnementaux sont moins susceptibles d'être dommageables pour l'écosystème à proximité des eaux côtières de Pekan.

Néanmoins, les activités de pêche le long des eaux côtières doivent être contrôlées de manière discriminante pour le développement durable de ces espèces commerciales précieuses dans ces eaux côtières fascinantes de Pekan, Pahang, Malaisie. Les programmes de surveillance de la pêche devraient impliquer un échantillonnage périodique utilisant des techniques telles que la pêche expérimentale et l'enquête aérienne auprès des pêcheurs afin de déterminer la diversité des espèces et la socio-économie de la communauté de poissons. Les informations obtenues pourraient alors être utilisées pour déterminer l'état de santé des eaux côtières, des estuaires et du système fluvial, ainsi que pour lancer des programmes de gestion et de conservation appropriés le long de la mer de Chine méridionale.

RÉFÉRENCES

Adrim, M., I.-S. Chen, Z.-P. Chen, K. K. P. Lim, H. H. Tan, Y. Yusof, et Z. Jaafar. (2004). Poissons marins enregistrés dans les îles Anambas et Natuna, mer de Chine méridionale. Raffles Bull. Zool. Suppl, (11) : 117-130.

Ahmad Azfar, M. (2009) Diversity and Distribution of Fishes in Pahang Estuary, Malaysia. Thèse de MS. 196 pp.

Al, M. I. O. et. (2007). How do Changes in Ocean Temperature affect Marine Ecosystems, (52), 2007-2007. De http://ec.europa.eu/environment/integration/research/newsalert/pdf/52na2.pdf

Allen, G.R. et M.V. Erdmann, 2012. Reef fishes of the East Indies. Perth, Australie : University of Hawai'i Press, Volumes I-III. Recherche sur les récifs tropicaux.

Alonso Aller, E., Jiddawi, N. S., & Eklöf, J. S. (2017). Les aires marines protégées augmentent la stabilité temporelle de la structure communautaire, mais pas la densité ou la diversité, des communautés de poissons des prairies marines tropicales. *PLoS ONE, 12*(8), 1-23. https://doi.org/10.1371/journal.pone.0183999

Ambak, M.A., Mansor, M.I., Zaidi, M.Z. et Mazlan, A. G (2010). *Fishes in Malaysia.* 315 pages.

Azid, A., Noraini, C., Hasnam, C., Juahir, H., Amran, M.A., Toriman, M.E. & Kamarudin, A. 2015. Mesure de l'érosion côtière le long de Tanjung Lumpur à Cherok Paloh, Pahang pendant la saison de la mousson du nord-est. *Journal Teknologi* 1 : 27-34.

Caruso, T., Pigino, G., Bernini, F., Bargagli, R., & Migliorini, M. (2007). L'indice Berger-Parker comme outil efficace pour le suivi de la biodiversité des sols perturbés : une étude de cas sur les assemblages d'oribatides (Acari : Oribatida) méditerranéens. *Biodiversity and Conservation, 16*(12), 3277-3285.

Chong, V. C., Jamizan, A. R., Yazid, Z., Rizman, I., Ali, S. H. & Natin, P. (2010). Diversité et abondance des poissons et des invertébrés de l'estuaire de Semerak et des eaux côtières adjacentes, Kelantan. *Malaysian Journal of Science* **29**, 91-106.

Département de la pêche (2015) Plan d'action national pour la gestion de la capacité de pêche en Malaisie (Plan 2). 50 pp.

Fazly Amri Mohd, Khairul Nizam Abdul Maulud, Rawshan Ara Begum, Siti Norsakinah Selamat et Othman A.Karim. (2018). Impact des changements du trait de côte sur la zone côtière de Pahang en utilisant la technologie géospatiale. *Sains Malaysiana, 47*(5), 991-997.

Fischer, W., I. Sousa, C. Silva, A. de Freitas, J.M. Poutiers, W. Schneider, T.C. Borges, J.P. Feral et A. Massinga, 1990. Fiches d'identification des espèces de la FAO pour les activités de pêche. Guide de terrain des espèces commerciales marines et d'eau saumâtre du Mozambique. Publication préparée en collaboration avec l'Instituto de Investigaçao Pesquiera de Moçambique, avec le financement du projet MOZ/86/030 du PNUD/FAO et du NORAD. Rome, FAO. 1990. 424 p.

Jalal, K.C.A, Kamaruzzaman, Y. Arshad A., Arafatur, R., Rahman, M. F. (2012 a). Diversité et distribution des poissons dans l'estuaire tropical de Kuantan, Pahang, Malaisie. Pakistan Journal of Biological Sciences, 15 (12), pp. 576-582.

Jalal, K.C.A, M. Ahmad Azfar, B. Akbar John, Y.B. Kamaruzzaman et S. Shahbudin. (2012 b). Diversité et composition communautaire des poissons dans l'estuaire tropical Pahang Malaysia. Pakistan Journal of Zoology. 44(1), 181-187.

Komsari, M.S., Barni, A., Khara, H. (2015) Croissance et population sur la structure de la perche européenne *Percafluviatilis Linnaeus*, 1758 (Osteichthyes : Percidae) dans la zone humide d'Anzali au sud-ouest de la mer Caspienne. Ind, J. Fish. 62(1):6-11.

Mansor, M.I., Kohno, H., Ida, H., Nakamura, H. T., Aznan, Z. & Abdullah, S. (eds.), (1998). Field Guide to important commercial marine fishes of the South China Sea. SEAFDEC/MFRDMD/SP/2.

Matsunuma, M., Motomura, H., Matsuura, K., Shazili, N. A. M., & Ambak, M. A. (2011). *Fishes of Terengganu East coast of Malay Peninsula, Malaysia. Musée national de la nature et des sciences.* Récupéré sur http://www.museum.kagoshima-u.ac.jp/staff/motomura/TFG_lowres.pdf

MMD. (2011). Revue mensuelle des précipitations département météorologique de Malaisie . (2011). De : http://www.met.gov.my/?lang=en

Mohsin, A. K. M. et M. A. Ambak. 1996. Poissons marins et pêcheries de Malaisie et des pays voisins. Universiti Pertanian Press, Serdang, iv + xxxvi + 744 pp.

Mundy B.C., (2005). Checklist of the fishes of the Hawaiian Archipelago. Bishop Mus. Bull. Zool. (6):1- 704

Randall J.E., Lim KKP, Alien GR, Amaoka K, Anderson WD, Jr., Bellwood DR, Bohlke EB, Bradbury MG, Carpenter KE, Caruso JH, Cohen AC, Cohen DM. (2000). A checklist of the fishes of the South China Sea. Supplément Raffles Bull Zool : 569–667.

Shannon, C. E., et Weaver, W., 1949. *La théorie mathématique de la communication.*

Shao K.T., (2011). The Fish Datebase of Taiwan. Publication électronique du WWW. version 2009/1. Simpson, E. H. (1949). Mesure de la diversité. *Nature 163*, 688

Smith-Vaniz, W.F., 1999. Carangidae. Jacks and scads (also trevallies, queenfishes, runners, amberjacks, pilotfishes, pampanos, etc.). p. 2659-2756. In K.E. Carpenter et V.H. Niem (eds.) FAO species identification guide for fishery purposes. The living marine resources of the Western Central Pacific. Vol. 4. Bony fishes part 2 (Mugilidae to Carangidae). Rome, FAO. 2069-2790 p.

Tobergte, D.R. & Curtis, S. 2013. La région de la côte est de la Malaisie. *Journal of Chemical* Urbana : University of Illinois Press.

Wang, Z. D., Guo, Y. S., Liu, X. M., Fan, Y. B., & Liu, C. W. (2012). DNA barcoding South China Sea fishes. *Mitochondrial DNA, 23*(5), 405-410. https://doi.org/10.3109/19401736.2012.710204

Étude du test d'activité de la Glucose-6-Phosphate Déshydrogénase chez les Streptomyces de Mangrove pour la production d'Actinohordin et d'Undercylprodigiosine

Azizan, N.H. *1, Zainal Abidin, Z.A. [1], Sharif, M.F. [1] et Mohd Maizam, A.F. [1]

1Département de biotechnologie, Kulliyyah of Science, International Islamic University Malaysia, Jalan Sultan Ahmad Shah, Bandar Indera Mahkota, 25200, Kuantan, Pahang, Malaisie.

**Auteur correspondant :fizahazizan@iium.edu.my*

RÉSUMÉ

Cette étude évalue le potentiel de l'utilisation du test d'activité de la glucose-6-phosphate déshydrogénase pour la production d'Actinohordin et d'Undecylprodigiosine à partir de Streptomyces de mangrove. Auparavant, plusieurs méthodes étaient utilisées pour cribler les activités antimicrobiennes, telles que le test de la tache d'agar et le test de diffusion de disque, mais ces méthodes de criblage sont longues et prennent du temps. Ainsi, pour surmonter ces limitations, un essai sur plaque est proposé pour permettre un dépistage rapide de la production de métabolites secondaires sur de nombreux échantillons en une seule fois. Le développement du test sur plaque a été réalisé en optimisant le test d'activité de la glucose-6-phosphate déshydrogénase. Ce test couplé était basé sur la production de dihydronicotinamide-adénine-dinucléotide-phosphate (NADPH), une combinaison correcte de nicotinamide-adénine-dinucléotide-phosphate (NADP) et de glucose-6-phosphate (G6P) ayant été affinée. La production de NADPH a été mesurée à l'absorbance de 340 nm où le cofacteur réduit NADPH est absorbé facilement à cette longueur d'onde. Des échantillons avec différentes concentrations de lysat brut ont été soumis à diverses concentrations de substrats pour obtenir la meilleure courbe d'activité. Même si l'élucidation de modèles clairs est spéculative, on pense que certaines améliorations ou optimisations de cette étude pourraient offrir des connaissances prometteuses qui peuvent servir de référence utile à l'avenir.

Mots clés : *Actinohordin, Dihydronicotinamide-Adenine Dinucleotide Phosphate, Nicotinamide Adenine Dinucleotide et Undecylprodigiosin.*

INTRODUCTION

Les actinomycètes sont des bactéries filamenteuses gram-positives qui produisent des hypers aériens et se différencient en chaînes de spores (Kämpfer, 2015 ; Barka *et. al.* , 2016). Elles peuvent être trouvées dans le sol, l'eau douce et les environnements marins. Elles ont produit divers composés utiles connus sous le nom de métabolites secondaires avec des applications importantes comme les antibiotiques tétracycline, érythromycine, vancomycine et streptomycine (Weber *et al,* 2015). Au cours des trente dernières années, les chercheurs ont montré un intérêt accru pour les bactéries productrices d'antibiotiques, car elles offrent de nombreux avantages en médecine humaine ainsi que dans la production commerciale.

Auparavant, les activités antimicrobiennes des métabolites secondaires étaient évaluées soit en recouvrant une plaque d'isolement d'un organisme indicateur, soit par un test de taches de gélose, qui a été utilisé pour détecter l'activité antagoniste entre les bactéries (Kun, 2003). Toutefois, ces méthodes présentent des limites importantes, car elles peuvent entraîner une contamination des colonies sélectionnées par des organismes indicateurs. En outre, il s'agit de méthodes de dépistage longues car un seul organisme indicateur peut être appliqué à chaque plaque d'isolement à la fois. En outre, l'HPLC est également l'une des méthodes de dépistage possibles, mais elle prend du temps (Ethiraj *et al.,* 2011).

Néanmoins, les métabolites secondaires sont généralement produits en très faible quantité dans la nature. Ainsi, de nombreuses recherches ont été menées précédemment pour étudier le réseau métabolique du carbone central, les précurseurs et les cofacteurs nécessaires à la synthèse des métabolites secondaires afin d'améliorer le rendement du produit (Fan *et al.*, 2016). Il s'avère que les quantités de précurseurs pour la production de métabolites secondaires requises par le métabolisme primaire deviennent progressivement limitées lorsque le rendement du produit augmente. Par conséquent, il est nécessaire de

fournir un nombre adéquat de précurseurs qui sont généralement fournis par le catabolisme des substrats carbonés pour obtenir un rendement élevé de métabolites secondaires.

Ainsi, pour optimiser le dosage enzymatique, une étude a été conçue pour induire la production de deux composés métaboliques secondaires, l'actinohordin (ACT) et l'undecylprodigiosine (RED) en ciblant la voie des pentoses phosphates (PPP) de *Streptomyces*. Ceci est réalisé en favorisant la conversion de la première enzyme de la voie, qui est la glucose-6-phosphate déshydrogénase (G6PDH) en trouvant la meilleure combinaison de ratio de ses substrats ; glucose-6-phosphate (G6P) et nicotinamide adénine dinucléotide (NAD). Cela permet de s'assurer que les enzymes G6PDH reçoivent des quantités adéquates de substrat afin de maximiser la production de NADPH avant de catalyser la deuxième voie métabolique qui, de concert, améliorera la production d'antibiotiques, comme le suggèrent Gunarson *et al.* (2004). Essentiellement, le NADPH est l'agent réducteur utilisé dans le processus de fabrication des métabolites secondaires.

ACTINOMYCETES

Le nom actinomycètes a été dérivé du mot grec "aktis" qui signifie un rayon et "mykes" qui fait référence au champignon. Ce nom a été donné en regardant leur morphologie où ils possèdent des caractéristiques à la fois des bactéries et des champignons (Das *et al.*, 2008) mais pourtant, ils sont classés dans le royaume des bactéries (Madigan *et al.*, 2009). Ils contiennent de l'ADN riche en G+C à environ 57-75% (Lo *et al.*, 2002) qui sont phylogénétiquement liés à partir de la preuve du cataloguage ribosomal 16s et des études d'appariement ADN : ARNr par Goodfellow & Williams (1983). Elles sont caractérisées par un cycle de vie complexe, tel que décrit par le phylum Actinobacteria, qui représente l'une des plus grandes unités taxonomiques parmi les 18 grandes lignées actuellement reconnues dans le domaine des bactéries (Ventura *et al.*, 2007).

Les actinomycètes sont couramment présents dans les écosystèmes terrestres et aquatiques, principalement dans le sol. Ils jouent un rôle important dans le recyclage des biomatériaux réfractaires en décomposant des mélanges complexes de polymères dans les plantes mortes, les animaux et les matières fongiques, ce qui entraîne la production de nombreuses enzymes extracellulaires qui sont utiles à la production agricole (Chaudhary *et al.*, 2013). En outre, les actinomycètes ont également des effets majeurs dans le tamponnement biologique des sols, le contrôle biologique des environnements par la fixation de l'azote et la dégradation des composés de poids moléculaire élevé comme les hydrocarbures dans les sols pollués. Ainsi, ces microorganismes jouent des rôles essentiels dans le maintien de nos écosystèmes.

Par-dessus tout, les actinomycètes sont des bactéries précieuses qui sont communément connues en raison de leur capacité à produire des métabolites secondaires. Berdy (2005) a signalé que 10 000 des 23 000 métabolites secondaires bioactifs produits par les micro-organismes proviennent de bactéries actinomycètes, ce qui représente 45 % de tous les microbes bioactifs découverts. Parmi les différents genres d'actinomycètes, les principaux producteurs de composés bioactifs commerciaux sont *Streptomyces, Saccharopolyspora, Amycolatopsis, Micromonospora et Actinoplanes* (Solanki *et al.*, 2008).

Streptomycetes coelicolor A3 (2)

Les espèces de streptomycètes sont des bactéries aérobies et gram-positives qui présentent une croissance filamenteuse à partir d'une seule spore. Un réseau de filaments ramifiés appelé mycélium de substrat sera formé lorsque leurs filaments se développent par l'extension des extrémités et la ramification (Dyson, 2011). Ils sont largement reconnus car ils sont les principaux producteurs et ont produit un total de 7600 composés (Berdy, 2005). Par conséquent, les *streptomycètes* sont devenus les principaux actinomycètes producteurs d'antibiotiques exploités par l'industrie pharmaceutique.

Streptomyces coelicolor A 3(2), est la souche la plus connue des streptomycètes productrice de métabolites secondaires. Selon Zhu *et al.* (2014), de nombreux métabolites secondaires ont été découverts à partir de cette souche, tels que l'actinohodine (ACT), l'undécylprodigiosine (RED), l'antibiotique dépendant du calcium (Cda) et la méthylénomycine codée par plasmide (Mmy). En outre, la séquence du génome de *S. coelicolor* a encore révélé de nombreux groupes de gènes biosynthétiques non identifiés auparavant, dont un pour un antibiotique probable appelé polykétide cryptique (Cpk), même après 50 ans de recherche sur ce sujet. Une étude de séquence sur les groupes de gènes d'antibiotiques et sur le Cpk a été réalisée.

Le génome complet de *S. coelicolor* a révélé que ces micro-organismes sont probablement capables de produire un plus grand nombre de métabolites secondaires (Higginbotham & Murphy, 2010).

ACTINORHODINE (ACT) ET UNDECYLPRODIGIOSINE (ROUGE)
S. coelicolor synthétise deux pigments chimiquement distincts qui sont généralement considérés comme des métabolites secondaires : l'actinorhodine (ACT), un indicateur de pH rouge-bleu diffusible, et l'undécylprodigiosine (RED), un composé rouge associé à la paroi cellulaire (Rudd & Hopwood, 1980). Au cours des trente dernières années, les chercheurs ont montré un intérêt accru pour les composés RED en raison de leurs propriétés immunosuppressives et anticancéreuses en plus de leurs activités antimicrobiennes. Parallèlement, les composés ACT présentent une activité antibactérienne contre les cellules gram-positives (Mak, Xu & Nodwell, 2014).

L'actinorhodine est un polykétide aromatique synthétisé par des enzymes codées dans un groupe de gènes de 22 kb. Le groupe de gènes responsable de la production d'actinorhodine contient les enzymes de biosynthèse et les gènes responsables de l'exportation de l'antibiotique. Le groupe de gènes de biosynthèse de l'actinorhodine code également pour un activateur spécifique de la voie (actII-orf4) qui active les gènes de biosynthèse. Ce gène activateur est à son tour soumis à l'action de régulateurs globaux qui peuvent soit activer soit réprimer son expression (Craney, Ahmed & Nodwell, 2013). En outre, leur production se fait à l'aide d'une polycétide synthase (PKS) de type II. La formation de l'actinorhodine a commencé car le squelette carboné est entièrement produit à partir des précurseurs des acides gras, l'acétyl-CoA et le malonyl-CoA dans le métabolisme primaire.

L'undécylprodigiosine, quant à elle, est un antibiotique associé à la paroi cellulaire, pigmenté en rouge, qui appartient à un groupe de composés bioactifs polypyrroliques appelés prodiginines (Luti & Yonis, 2014) et qui est dirigé par un groupe de gène 30 kb. Deux activateurs transcriptionnels spécifiques de la voie sont impliqués dans l'activation du gène de la prodiginine : RedZ et RedD. Dans la voie, RedZ fonctionne comme un activateur direct de RedD qui agit ensuite sur les gènes de biosynthèse (Craney, Ahmed & Nodwell, 2013).

Une étude a été menée dans le but de déterminer la relation entre la production de métabolites secondaires et la composition du milieu de croissance. Le résultat montre que Act a produit principalement dans la phase stationnaire des cultures discontinues cultivées avec du glucose et du nitrate de sodium comme sources de carbone et d'azote. Pendant ce temps, Red s'est accumulé pendant la phase exponentielle. La production des deux pigments était sensible aux niveaux d'ammonium et de phosphate dans le milieu (Hobbs *et al.,* 1990).

Par ailleurs, plusieurs études ont été réalisées sur la délétion de la région codante du gène de la ppGpp synthétase, relA chez *Streptomyces celicolor* A3 (2) correspondant à la production d'antibiotiques. Elles ont noté qu'il existe une corrélation entre le gène de la ppGpp synthétase, relA et le début de la production d'undécylprodigiosine (Red) et d'actinorhodine (Act), ce qui conduit à la suggestion que la ppGpp joue un rôle central dans le déclenchement de la synthèse des antibiotiques (Chakraburtty *et al.*, 1996).

Des études de cultures discontinues, dont certaines ont été soumises à une privation d'acides aminés, ont indiqué une corrélation entre la synthèse de ppGpp et la transcription entre les gènes régulateurs spécifiques de la voie pour Red et Act (les deux antibiotiques pigmentés fabriqués par la souche). Le mutant relA nul a été cultivé à la même vitesse que les souches parentales, ce qui a entraîné une production réduite de Act et de Red dans des conditions de limitation de l'azote, mais a semblé produire normalement dans d'autres conditions (Chakraburtty, R., & Bibb, M. 1997). Cela indique que l'actinorhodine et l'undécylprodigiosine ne peuvent pas être produites à cause du gène de la ppGpp synthétase, relA ne peut pas fonctionner au mieux en cas de privation d'acides aminés.

DOSAGE DE LA GLUCOSE-6-PHOSPHATE DÉSHYDROGÉNASE (G6PDH)

Auparavant, de nombreuses recherches avaient prouvé que la production de métabolites secondaires dépendait du supplément de précurseurs issus du métabolisme primaire. Par exemple, en 2012, une étude a été menée par Wentzel *et al*, pour trouver la relation entre les flux de carbone vers la formation de biomasse et la production d'antibiotiques en changeant les sources de carbone et d'azote ou en faisant varier les volumes initiaux d'ensemencement des cellules dans les milieux de culture.

(Cheng *et al.*, 2013). Ces deux études avaient révélé que la réaction liée à la voie des acides aminés permettait de concentrer les flux vers la biosynthèse de divers précurseurs nécessaires à la synthèse des métabolites secondaires.

Suite à cela, l'étude récente a été menée en ciblant les voies du pentose phosphate pour améliorer la production de métabolites secondaires (Actinorhodin et Undecylprodigiosin). Comme mentionné par Fan *et al.* (2016), la voie du pentose phosphate joue un rôle important dans la production de métabolites secondaires et est considérée comme les sources de précurseurs.

$$\text{G6PDH} + \text{G6P} + \text{NAD} \rightarrow \text{6-phospho-D-glucono-1,5-lactone} + \text{NADPH}$$

Ceci est réalisé en maximisant la conversion de la première enzyme de la voie, la glucose-6-phosphate déshydrogénase (G6PDH), en fournissant un nombre adéquat de substrats qui sont le glucose-6-phosphate (G6P) et le nicotinamide adénine dinucléotide (NAD) pour améliorer la production de NADPH. Comme le suggèrent Gunarson, Eliasson & Nielsen (2004), le NADPH joue un rôle important dans l'amélioration des métabolites secondaires. Le NADPH est l'agent réducteur utilisé dans le processus de fabrication des métabolites secondaires, et la voie du pentose phosphate est l'une des plus importantes voies de production de NADPH. La première enzyme de cette voie, la glucose-6-phosphate déshydrogénase (G6PDH), est généralement considérée comme un producteur exclusif de NADPH.

MATÉRIAUX ET
MÉTHODES SOU SOU
SOU SOU SOU SOU SOU
SOU SOU SOU SOU

Les *Streptomyces* sp. K2-11 ont été prélevés dans les collections du laboratoire (Research Lab 3, Kulliyyah Science, IIUM Kuantan) et isolés des sédiments de mangrove de Tanjung, Lumpur, Kuantan, Pahang.

PRÉPARATION DES MÉDIAS
Milieu SMMS limitant l'azote
On a dissous 2 g d'acides casaminés Difco, de tampon TES (5,68Gl-1) et de Bacto agar dans de l'eau distillée. Puis le pH a été ajusté à 7,2 en utilisant du NaOH 10 M avant d'être autoclavé. Les milieux contenant les ingrédients suivants ont été ajoutés en quantité spécifique : NaH_2PO_4 + $K_2H_2PO_4$ (50 Mm chacun, 10 mL par litre de culture), $MgSO_4.7H_2O$ (1 M, 5 mL par litre de culture), glucose (50% p.v., 18 mL par litre de culture). Les oligo-éléments qui contiennent o.1 gL-1 chacun de $ZnSO_4.7H_2O$, $FeSO_4.7H_2O$, $MnCl_2.4H_2O$, $CaCl_2.6H_2O$ et NaCl. La solution a été stockée à 4ºC dans un réfrigérateur.

CULTURE des *Actinomycètes*
Toutes les souches bactériennes ont été cultivées sur un milieu SMMS limitant l'azote. Les échantillons ont été incubés à 28ºC, agités à 120 rpm pendant quatorze jours.

DOSAGE DE LA GLUCOSE-6-PHOSPHATE DÉSHYDROGÉNASE
Préparation d'extraits
La méthode a été réalisée selon le protocole de Borodina *et al.* (2008). Les cellules utilisées pour les tests d'activité ont été récoltées après 67 h de croissance dans 200 ml de milieu défini dans un flacon de 1 litre équipé d'une spirale en acier inoxydable. Les cellules ont été récoltées par centrifugation et remises en suspension dans un tampon contenant 50 mM TES, pH 7,2, 5 mM $MgCl_2$, 5 mM 2-mercaptoéthanol, 50 mM $(NH_4)_2SO_4$ et 0,1 mM fluorure de phénylméthylsulfonyle (tampon A). Le lysozyme (ajouter à la concentration) a été utilisé pour briser les cellules.

Test de l'activité G6PDH

Les essais de la glucose-6-phosphate déshydrogénase (G6PDH, EC 1.1.1.49) sont basés sur la production de NADPH et ont été réalisés selon le protocole de Lessie et Wyk, (1972) et modifié par Butler *et al,* (2002). La consommation de NADH et la production de NADPH ont été mesurées par spectrophotométrie à 340 nm. Les lysats bruts ont été appliqués au test d'activité de la G6PDH en utilisant des substrats fournis (G6P et NAD). Le test a été réalisé dans une plaque à 96 puits pendant deux minutes, ce qui permet l'analyse simultanée d'un grand nombre d'échantillons.

G6PDH + G6P + NADP ➐ 6-phospho-D-glucono-1,5-lactone + NADPH

Cinq genres d'actinomycètes, à savoir *Streptomyces, Micromonospora, Nocardia, Nocardiopsis* et *Rodhococcus,* ont été prélevés dans des collections de laboratoire. Ces microbes ont été identifiés et sont connus pour leur activité antimicrobienne. Tous les isolats ont été cultivés sur un milieu SMMS limitant l'azote. Cependant, en raison de contraintes de temps, seul le *Streptomycetes* a été choisi pour être testé pour la production de métabolites secondaires. Les *Streptomycetes* ont été cultivés sur une plaque de SMMS pendant cinq jours et ont été sous-cultivés dans un bouillon de SMMS pendant trois jours supplémentaires selon le protocole de Borodina *et al.* (2008). Ensuite, les cellules ont été récoltées par centrifugation et remises en suspension dans un tampon, puis répétées trois fois. Cela permet de s'assurer que 90 % des cellules ont été lysées et ont libéré les protéines. Le fluorure de phénylméthylsulfonyle, connu sous le nom d'inhibiteur de la sérine protéase, a été inclus dans le tampon pour empêcher la dégradation des protéines.

DOSAGE DE LA GLUCOSE-6-PHOSPHATE DÉSHYDROGÉNASE
Les lysats bruts ont été appliqués au test d'activité G6PDH en utilisant les substrats fournis (G6P et

NADP). Le test a été réalisé dans une plaque à 96 puits permettant l'analyse simultanée d'un grand nombre d'échantillons. La réaction a été suivie en mesurant l'absorbance à 340 nm pendant deux minutes et le cofacteur réduit, le NADPH ont été absorbés facilement à cette longueur d'onde.

Les vitesses de réaction mesurées à différents substrats et à différentes concentrations de protéines sont présentées dans la figure 4.1. Afin d'obtenir la meilleure courbe d'activité pour la condition donnée, sept échantillons de différentes concentrations de lysats bruts ont été préparés (100 µL, 50 µL, 25 µL, 12,5 µL, 6,25 µL, 3,125 µL et 1,5625 µL). Ensuite, tous les échantillons ont été soumis à différentes concentrations de substrat afin de déterminer la meilleure activité enzymatique. Dans cette étude, huit concentrations de substrat ont été choisies pour être testées avec différentes concentrations d'enzyme (2 µM, 5 µM, 10 µM, 20 µM, 30 µM, 40 µM, 50 µM et 60 µM). Les résultats montrent que la vitesse de réaction de diverses concentrations de substrat a augmenté avec la concentration de l'enzyme. La réaction avec 20 µM de substrat présente l'activité enzymatique la plus élevée. En revanche, l'activité enzymatique la plus faible a été observée dans la réaction avec 50 µM de substrat pour toutes les concentrations d'enzymes testées.

La figure 4.1 montre qu'à des concentrations plus élevées de lysats bruts, spécifiquement 100 µM, 50 µM et 25 µM, la réaction n'était pas stable lorsqu'elle était soumise à une concentration plus faible de substrats (2 µM, 5 µM, 10 µM, 20 µM). Cependant, les réactions ont commencé à augmenter à une concentration de substrat de 30 µM à 60 µM. Ces conditions étaient en contradiction avec la réaction montrée par des concentrations plus faibles de lysats bruts (12,5 µM, 6,25 µM, 3,125 µM et 1,5625 µM) où la réaction augmente légèrement à une concentration plus faible de substrats et diminue en présence d'une concentration élevée de substrats. Ainsi, on peut voir qu'une concentration plus élevée d'enzyme et de substrat augmentera l'activité alors qu'une concentration plus faible d'enzyme avec une concentration plus élevée de substrat réduira l'activité.

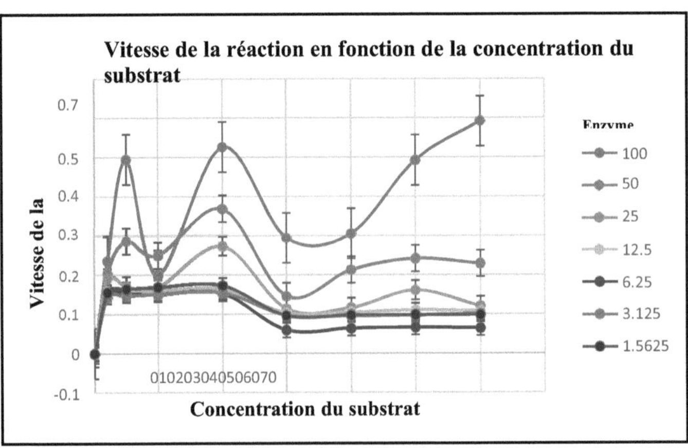

Fig. 4.1 : Mesure des activités enzymatiques des lysats bruts produits à la longueur d'onde 340 nm avec différentes concentrations de substrat. Toutes les lectures ont été normalisées par rapport au contrôle

Globalement, on peut conclure que l'activité enzymatique est optimale lorsque la concentration de l'enzyme et du substrat augmente. Cependant, un meilleur test pourrait être réalisé en utilisant une enzyme purifiée. Selon Sharma et Chand, (2012), les protéines purifiées présentent de meilleures lectures d'activité par rapport aux enzymes brutes. Cela pourrait être dû aux impuretés protéiques présentes dans la réaction qui peuvent interférer avec les lectures d'absorbance.

Selon Bisswanger (2014), plusieurs facteurs peuvent affecter le dosage autres que le pH, la température et la force ionique. Par exemple, les concentrations réelles de tous les composants du test. Cela peut contribuer aux écarts par rapport aux conditions optimales de la protéine, ce qui entraîne une réduction de l'activité. Par exemple, les réactions enzymatiques dépendant de l'ATP ont besoin de Mg2+ comme contre-ions essentiels. Le mélange d'essai deviendra limitant si seulement de l'ATP sans Mg2+ est ajouté, même en concentration suffisante, surtout si des composés complexants comme les phosphates inorganiques ou l'EDTA sont présents. Dans cette étude, ceci pourrait également être considéré comme un facteur contribuant aux lectures fluctuantes. Cette propriété physico-chimique des enzymes G6PDH doit être étudiée plus en détail pour obtenir de meilleures conditions de dosage.

CONCLUSION

Cette tentative préliminaire d'optimisation du dosage de l'activité de la glucose-6-phosphate déshydrogénase a été encourageante. Même si le dosage de l'activité de la glucose-6-phosphate déshydrogénase n'a pas été entièrement optimisé, ce projet nous a permis d'acquérir certaines connaissances. L'une de ces connaissances est que cette enzyme est un allostérique qui n'obéit pas à la cinétique de Michealis -Menten en raison de la présence de sites de liaison multiples. On pense qu'avec l'amélioration de certains facteurs comme l'utilisation d'enzymes plus pures, l'étude pourrait offrir des résultats plus prometteurs. En outre, cette protéine a un potentiel plus élevé pour la production de métabolites secondaires par la formation de NADPH, car la G6PDH est généralement considérée comme un producteur de NADPH par la voie du pentose phosphate (PPP). Néanmoins, une recherche intense sur les propriétés physiques et physicochimiques de la G6PDH devrait être menée pour une meilleure compréhension de l'ensemble de la réaction enzymatique.

RÉFÉRENCES

Barka, E. A., Vatsa, P., Sanchez, L., Gaveau-Vaillant, N., Jacquard, C., Klenk, H. P., ... & van Wezel, G.
P. (2016). Taxonomie, physiologie et produits naturels des actinobactéries. *Revues de microbiologie et de biologie moléculaire*, *80*(1), 1-43.

Berdy, J. (2005). Les métabolites microbiens bioactifs. *Journal of Antibiotics*,*58*(1), 1. Bisswanger, H. (2014). Dosages enzymatiques. *Perspectives in Science*, *1*(1), 41-55.

Borodina, I., Siebring, J., Zhang, J., Smith, C. P., van Keulen, G., Dijkhuizen, L., & Nielsen, J. (2008). Surproduction d'antibiotiques dans Streptomyces coelicolor A3 (2) médiée par la délétion de la phosphofructokinase. *Journal of Biological Chemistry*, *283*(37), 25186-25199.

Brockman, I. M., Prather, K. L. J., & Gupta, A. (2017). Knockdown dynamique du métabolisme central pour rediriger les flux de glucose-6-phosphate. *Brevet américain n° 20,170,130,210.* Washington, DC : Bureau des brevets et des marques de commerce des États-Unis.

Butler, M. J., Bruheim, P., Jovetic, S., Marinelli, F., Postma, P. W., & Bibb, M. J. (2002). Engineering of primary carbon metabolism for improved antibiotic production in Streptomyces lividans. *Applied and environmental microbiology*, *68*(10), 4731-4739.

Craney, A., Ahmed, S., & Nodwell, J. (2013). Vers une nouvelle science métabolisme secondaire. *The Journal of antibiotics*, *66*(7), 387-400.

Chaudhary, H. S., Soni, B., Shrivastava, A. R., & Shrivastava, S. (2013). Diversité et polyvalence des actinomycètes et son rôle dans la production d'antibiotiques. *Journal of Applied Pharmaceutical Science*, *3*(8), 83-94.

Chakraburtty, R., White, J., Takano, E., & Bibb, M. (1996). Clonage, caractérisation et perturbation d'un gène de (p)ppGpp synthétase (relA) de Streptomyces coelicolor A3 (2). *Molecular microbiology*, *19*(2), 357-368.

Chakraburtty, R., & Bibb, M. (1997). Le gène de la synthétase ppGpp (relA) de Streptomyces coelicolor A3 (2) joue un rôle conditionnel dans la production d'antibiotiques et la différenciation morphologique. *Journal of Bacteriology*, *179*(18), 5854-5861.

Cheng, J. S., Liang, Y. Q., Ding, M. Z., Cui, S. F., Lv, X. M., & Yuan, Y. J. (2013). L'analyse métabolique révèle les réponses en acides aminés de Streptomyces lydicus aux rapports de tangage pendant l'amélioration de la production de streptolydigine. *Applied microbiology and biotechnology*, *97*(13), 5943-5954.

Das, S., Lyla, P. S., & Khan, S. A. (2008). Distribution et composition générique des actinomycètes marins cultivables provenant des sédiments du talus continental indien de la baie du Bengale. *Chinese Journal of Oceanology and Limnology*, *26*(2), 166-177.

Doelle, H. W. (2014). Respiration aérobie. *Le métabolisme bactérien* (p. 364). Academic Press. Dyson, P. (2011). *Streptomyces : biologie moléculaire et biotechnologie*. Horizon Scientific Press.

Ethiraj, T., Revathi, R., Thenmozhi, P., Saravanan, V. S., & Ganesan, V. (2011). Développement d'une méthode de chromatographie liquide à haute performance pour l'analyse simultanée de la doxofylline et du montelukast sodique dans une forme combinée. *Pharmaceutical methods*, *2*(4), 223-228.

Fan, Y., Hu, F., Wei, L., Bai, L., & Hua, Q. (2016). Effets de la modulation de la voie du pentose-phosphate sur la biosynthèse des ansamitocines dans Actinosynnema pretiosum. *Journal of biotechnology*, *230*, 3-10. Goodfellow, M., & Williams, S. T. (1983). Ecologie des actinomycètes. *Revues annuelles en Microbiologie*, *37*(1), 189-216.

Gunarson, N., Eliasson, A., & Nielsen, J. (2004). Control of fluxes towards antiobiotics and the role of primary metabolism in production of antiobiotics. *Advance Biochemica. Engineering Biotechnology. , 88*, 137-178.

Higginbotham, S. J., & Murphy, C. D. (2010). Identification et caractérisation d'un isolat de Streptomyces sp. présentant une activité contre le Staphylococcus aureus résistant à la méthicilline. *Microbiological Research,165*(1), 82-86.

Hobbs, G., Frazer, C. M., Gardner, D. C., Flett, F., & Oliver, S. G. (1990). Production d'antibiotiques pigmentés par Streptomyces coelicolor A3 (2) : cinétique et influence des nutriments. *Journal of General Microbiology*, *136*(11), 2291-2296.

Kämpfer, P. (2015). Streptomyces. *Manuel de systématique des archées et des bactéries de Bergey*, 1-414.

Kun, L. Y. (2003). Screening for antimicrobial products. *Biotechnologie microbienne : principes et applications*. (p. 13). World Scientific.

Lessie, T. G., & Vander Wyk, J. C. (1972). Formes multiples des glucose-6- phosphate et 6-phosphogluconate déshydrogénases de Pseudomonas multivorans : différences de taille, de spécificité du nucléotide pyridine et de sensibilité à l'inhibition par l'adénosine 5'-triphosphate. *Journal of bacteriology*, *110*(3), 1107-1117.

Lo, C. W., Lai, N. S., Cheah, H. Y., Wong, N. K. I., & Ho, C. C. (2002). Actinomycetes isolés à partir d'échantillons de sol du Crocker Range Sabah. *ASEAN Review on Biodiversity and Environmental Conservation*.

Luti, K. J. K., & Yonis, R. W. (2014). Une induction de la production d'undécylprodigiosine à partir de Streptomyces coelicolor par élicitation avec des cellules microbiennes en utilisant la fermentation à l'état solide. *Iraqi Journal of Science,* 55(4A), 1553-1562.

Madigan, M. T., Martinko, J. M., Dunlap, P. V., & Clark, D. P. (2008). Brock Biologie des micro-organismes 12ème édition. *International Microbiology*, *11*, 65-73.

Mak, S., Xu, Y. et Nodwell, J. R. (2014). L'expression des gènes de résistance aux antibiotiques dans les bactéries productrices d'antibiotiques. *Molecular microbiology*, *93*(3), 391-402.

Rudd, B. A., & Hopwood, D. A . (1980). Un antibiotique mycélien pigmenté chez Streptomyces coelicolor : contrôle par un groupe de gènes chromosomiques. *Microbiology, 119*(2), 333-340.

Sharma, P. K., & Chand, D. (2012). Purification et caractérisation de la xylanase thermostable sans cellulase de Pseudomonas sp. XPB-6.

Solanki, R., Khanna, M., & Lal, R. (2008). Composés bioactifs des actinomycètes marins. *Indian journal of microbiology, 48*(4), 410-431.

Ventura, M., Canchaya, C., Tauch, A., Chandra, G., Fitzgerald, G. F., Chater, K. F., & Sinderen, D. (2007). Genomics of Actinobacteria : tracing the evolutionary history of an ancient phylum. *Microbiology and Molecular Biology Reviews, 71*(3), 495-548.

Weber, T., Charusanti, P., Musiol-Kroll, E. M., Jiang, X., Tong, Y., Kim, H. U. et Lee, S. Y. (2015). Ingénierie métabolique des usines d'antibiotiques : nouveaux outils pour la production d'antibiotiques chez les actinomycètes. *Trends in biotechnology, 33*(1), 15-26.

Wentzel, A., Bruheim, P., Øverby, A., Jakobsen, Ø. M., Sletta, H., Omara, W. A. & Ellingsen, T. E. (2012). Stratégie optimisée de fermentation discontinue submergée pour les études à l'échelle des systèmes de la commutation métabolique dans Streptomyces coelicolor A3 (2). *BMC systems biology, 6*(1), 59.

Zhu, H., Sandiford, S. K., et van Wezel, G. P. (2014). Les déclencheurs et les indices qui activent la production d'antibiotiques par les actinomycètes. *Journal of industrial microbiology & biotechnology, 41*(2),371-386.

La culture contre l'approche "omique" pour la bioprospection microbienne au 21e siècle : L'environnement côtier en Malaisie

Suhaila Mohd Omar [1*]

[1]*Département* *de biotechnologie, Kulliyyah des sciences, Université islamique internationale de Malaisie.*

**Auteur correspondant :* <u>osuhaila@iium.edu.my</u>

RÉSUMÉ

L'environnement côtier est l'habitat de divers micro-organismes marins fonctionnellement importants. Parmi les caractéristiques précieuses des microorganismes pour les études de bioprospection, on peut citer la tolérance aux fluctuations rapides et répétées de la température, de la lumière solaire, de la salinité, de l'action des vagues, du rayonnement ultraviolet et des périodes de sécheresse. D'autre part, les micro-organismes qui ont un mode de vie épiphyte, épibiotique et symbiotique produisent des toxines spécifiques, des molécules de signalisation et d'autres métabolites secondaires grâce à leur mécanisme de défense et de signalisation. Les méthodes de culture traditionnelles et innovantes sont toujours pertinentes dans les études de bioprospection, tandis que les approches "omiques" offrent un accès étendu à la diversité et aux fonctions des microorganismes. C'est pourquoi ce mini-reportage se concentre sur les défis, les stratégies et le succès des études de bioprospection microbienne dans le contexte de l'environnement côtier de la Malaisie via la culture et l'approche "omique".

Mots clés : Omiques ; microbes ; symbiote ; culture de microbes

INTRODUCTION

Le littoral malaisien, d'une longueur totale de 4 800 km, comprend deux formations physiques nettement différentes, à savoir des vasières bordées de mangroves et des plages de sable qui abritent une biodiversité distincte, unique et spectaculaire ((MYBIS, 2015). Les formations sableuses rectilignes sont prédominantes sur la côte nord-est de la Malaisie péninsulaire, tandis que le sud comprend une série de baies en forme de crochet ou de spirale. Quant à la côte ouest de la péninsule, elle présente des zones limitées de plages de sable et est principalement constituée de formations boueuses. Le littoral du Sarawak et du Sabah comprend des plages de sable et des côtes boueuses réparties presque également (Abdullah, 1993). Le plus ancien rapport sur la diversité marine remonte à 1849 et comprend un catalogue de la diversité des poissons (Cantor, 1849). En comparaison avec les poissons, les reptiles, les mammifères, les invertébrés, le concombre de mer (Holothuroid) et les herbiers, les comptes rendus détaillés sur les autres organismes marins, en particulier les micro-organismes, font toujours défaut (Mazlan et al., 2005). En outre, le Triangle de Corail, qui comprend les récifs de l'Indonésie, des Philippines et de la Malaisie, compte 76 % de toutes les espèces de coraux connues et abrite 37 % de toutes les espèces de poissons de récifs coralliens connues dans le monde (Burke, 2011). La biodiversité exceptionnelle des habitats marins offre une opportunité précieuse pour la bioprospection. Ce mini-reportage met en lumière la biodiversité microbienne marine de la côte malaisienne et les études de bioprospection via la culture et l'approche "omique".

L'environnement côtier comme habitat de micro-organismes marins fonctionnellement importants

La bioprospection est une exploration ciblée et systématique de composants, de composés bioactifs ou de gènes au sein d'organismes vivants. Il peut s'agir de toutes sortes d'organismes ; des micro-organismes comme les bactéries, les champignons et les virus et des organismes plus grands comme les plantes marines, les coquillages et les poissons (Ministère de la pêche et des affaires côtières, 2009 ; Mossop, 2015). Le milieu marin couvre plus de 70% de la surface de la Terre et contient 97,5% de l'eau de notre planète. Les micro-organismes représentent la majorité de la vie riche et diversifiée de l'habitat marin. Parmi les facteurs environnementaux qui distinguent la composition des communautés microbiennes marines par rapport à l'environnement terrestre figure la salinité (Vogel et al., 2020). Les communautés microbiennes côtières complexes jouent également des rôles importants dans la régulation du cycle biogéochimique à l'interface terre-mer ; elles comprennent donc tous les domaines de la vie et forment un réseau qui relie la colonne d'eau et les sédiments (Fuhrman et al., 2015 ; Moulton et al., 2016). Les micro-organismes des zones intertidales doivent être capables de se développer dans des conditions extrêmes telles que des fluctuations rapides et répétées de la température, de la lumière solaire, de la salinité, de l'action des vagues, du rayonnement ultraviolet et des périodes de sécheresse (McKew et al., 2011).

D'un point de vue biotechnologique, le groupe de micro-organismes vivant sous des modes de vie épiphytes, épibiotiques et symbiotiques constituent également un réservoir incomparable en raison de leurs stratégies spécifiques de compétition et de défense caractéristiques des micro-organismes associés à la surface, comme la production de toxines, de molécules de signalisation et d'autres métabolites secondaires (Gonzalez et al., 2016). Les éponges et les coraux sont des exemples d'habitats où l'on peut trouver des associations symbiotiques de micro-organismes dans les éponges et les coraux ainsi qu'avec des invertébrés marins (Amelia et al., 2020 ; Hanani et al., 2015). Le produit final des activités de bioprospection pourrait être une molécule purifiée produite biologiquement ou synthétiquement ou l'organisme entier. Même si la bioprospection marine n'est pas une industrie au sens traditionnel du terme, le potentiel d'acquisition de nouveaux composés destinés à être utilisés dans de nombreuses industries différentes en est le moteur intéressant. Au fil des ans, des approches nouvelles et plus complexes ont été développées et utilisées pour étudier la biodiversité microbienne marine et son potentiel biotechnologique.

Méthodes d'exploration de la biodiversité microbienne marine et application potentielle :
Approche par la culture La faible cultivabilité des microbes marins est bien connue et désignée sous le nom de " great plate count anomaly " (Staley & Konopka, 1 9 8 5) en raison de la différence entre le nombre de colonies q u i se sont développées sur le milieu de laboratoire et le nombre total de bactéries qui ont pu être comptées par microscopie à épifluorescence d'échantillons colorés au DAPI Le potentiel métabolique des microbes en laboratoire ou la fonction des écosystèmes ne peuvent être corroborés que par des études sur des organismes cultivés (Prakash et al., 2013). Par conséquent, l'isolement, la caractérisation et la préservation de nouveaux microbes sont indispensables à la croissance future de la bioprospection dans l'environnement marin. Le tableau 1 illustre la liste de certains des microbes cultivés dans différents environnements côtiers de Malaisie au cours des 20 dernières années et leur application potentielle. Les *Alphaproteobacteria* et *Gammaproteobacteria* ont dominé la collection de cultures. Certains chercheurs utilisent la moitié de la composition de la gélose marine commune dans le but d'augmenter l'isolement de nouvelles souches (Kuek et al., 2016). La diversité de la formule du milieu utilisé pour la culture (Law et al., 2019) ainsi que le prétraitement par chaleur humide et sèche augmentent également la récupération de nouveaux Actinomycètes (Abdul Malek et al., 2015). Les bactéries appartenant au genre *Streptomyces* ont été reconnues comme les producteurs de nombreux composés bioactifs, ce qui en fait des micro-organismes importants pour les métabolites secondaires avec des rôles anticancéreux, antimicrobiens potentiels en raison de leurs propriétés cytotoxiques (Law et al., 2019). L'application potentielle des isolats va de la découverte d'enzymes (Cheng et al., 2020 ; Dinesh et al., 2017 ; Naresh et al., 2019 ; Omar et al., 2017 ; Yasim, 2018), à la biorémédiation (Hanani et al., 2015 ; Kuek et al., 2016), en passant par les antibactériens et les antifongiques (Zainal Abidin et al., 2016). La prévalence des bactéries résistantes aux antibiotiques et son impact élevé sur la santé humaine incitent à rechercher de nouveaux produits naturels qui pourraient donc remédier à ce problème, notamment à partir de l'environnement marin (Jalal et al., 2012). La plupart des isolats ont été récupérés via une modification de la technique standard d'ensemencement qui peut récupérer une très petite proportion, 0,001-1% de l'assemblage total (Staley & Konopka, 1985). La culture suivie d'un criblage à haut débit

pour des fonctions spécifiques est une autre stratégie pour les chercheurs disposant d'installations avancées pour augmenter les résultats positifs (Law et al., 2019).

Tableau 1 : Bioprospection microbienne sélectionnée via une approche de culture dans l'environnement côtier, Malaisie (2000-2020)

Non.	Lieu d'échantillonnage	Souches microbiennes	Application potentielle	Réf.
1	Marine ressources marines (limule de Sabah, méduses de Sarawak, mollusques et sédiments marins de l'île d'Alaska, etc.	*Bacillus, Chryseomicrobium, Photobacterium, Pseudoalteromonas, Ruegeria, Shewanella,*	Enzyme : amylase, lipase et protéase	(Cheng et al., 2020)
	Kelantanand eau de mer de Terengganu) .	*Solibacillus, Tenacibaculum et Vibrio.*		
2	Mangrove forêt sol, Tanjung Lumpur, Pahang	*Verrucosispora* sp. K2-04	Enzyme : xylanase	(Omar et al., 2017)
3	Estuarienne sédiment de mangrove de Matang Forêt de mangrove	*Mangrovimonas xylaniphaga sp.* nov.	Enzyme : Xylanase	(Dinesh et al., 2017)
4	Mangrove racines recueillie àTanjung Piai, Johor	*Exiguobacterium* sp. CN10	Enzyme pour dégradation de la biomasse lignocellulosique	(Yasim, 2018)
5	Sol de mangrove des États du nord de la Malaisie (Perlis, Kedah, Pulau Pinang et Perak).	*Bacillus subtilis* KB01 ; *Anoxybacillus* sp. UniMAP-KB02, KB03, KB04 KB05, KB06 ; *Paenibacillus dendritiformis* UniMAP-KB01	Cellulase thermophile	(Naresh et al., 2019)
6	la mer de Chine méridionale et le long du littoral de la Malaisie péninsulaire et de Bornéo.	*Alphaproteobacteria : Caulobacteraceae, Phyllobacteriaceae, Rhodobacteraceae et Rhodospirillaceae,* *Bétaprotéobactéries : Alcaligenes sp.* *Gammaproteobacteria : Aeromonadaceae, Pseudoalteromonadaceae, Shewanellaceae, Pseudomonadaceae et Vibronaceae*	Bioremédiation, fixation de l'azote, et réduction des sulfates	(Kuek et al., 2016)

7	Plage de Pulau Kapas et Pantai Batu Burok, Terengganu.	NA	Activités antibactériennes	(Mazalan et al., 2012)
8	Mangrovesoil à Kuching, Sarawak	*Streptomyces* sp.	Potentiels bioactifs en relation avec les activités antioxydantes et cytotoxiques	(Law et al., 2019)
9	Mangrove forêt sol, Tanjung Lumpur, Pahang	*Streptomycesmangrovisoli* sp. nov	Antioxydant identifié comme étant le Pyrrolo [1,2-a]pyrazine-1,4-dione,hexahydro	(Ser et al., 2015)
10	Sol de forêt de mangrove, Tanjung Lumpur, Pahang	*isolats de type Streptomyces* et *des isolats de type Micromonospora*	Antibactérien et antifongique	(Zainal Abidin et al., 2016)
11	Marine éponge (*Gelliodes* sp.) collectée dans la zone côtière de Kuantan	*Bacillus* sp.	Bioremédiation - activités de dégradation de l'acide haloalcanoïque (acide 3-chloropropionique (3C P) - activités dégradantes	(Hanani et al., 2015)
12	Sédiment marin de l'île de Songsong, Kedah, Malaisie.	18 isolats de *Streptomyces*	Anti-infectieux	(Fatin et al., 2017)

Approche omique et méta-omique

Les percées innovantes en matière de séquençage du génome, de bioinformatique et d'outils analytiques tels que la chromatographie liquide et gazeuse et la spectrométrie de masse, ainsi que les technologies à haut débit, ont favorisé les progrès des technologies "omiques" (génomique, transcriptomique, protéomique et métabolomique). Par rapport à la génomique qui étudie un isolat spécifique, la métagénomique est une technique qui consiste à séquencer l'ADN des génomes de tous les organismes présents dans un échantillon particulier et est devenue une méthode courante pour l'étude de la structure et de la fonction de la population du microbiome. Grâce à cette approche, les gènes et les voies d'accès de l'ensemble du microbiome peuvent être déterminés. Les méthodes métagénomiques peuvent être classées en fonction du séquençage des métagénomes et de l'analyse bioinformatique ou de l'expression fonctionnelle des bibliothèques métagénomiques pour identifier les gènes ou les groupes de gènes d'intérêt. Puisqu'il n'est pas nécessaire d'isoler ou de cultiver les micro-organismes, l'ADN directement extrait fournit des informations sur la capacité métabolique et fonctionnelle d'une communauté microbienne spécifique cultivable et non cultivable (Simon & Daniel, 2011). La métagénomique va de pair avec le séquençage de nouvelle génération et le supercalculateur à haute performance, permettant ainsi un large accès à la diversité et aux fonctions des microorganismes (Knight et al., 2012). D'autre part, la métatranscriptomique permet d'expliquer quelles voies métaboliques et quels gènes sont exprimés à un endroit donné et à un moment donné. Les bibliothèques d'ADN génomique et d'ARN total peuvent être préparées et séquencées en parallèle en suivant un protocole approprié de manipulation des échantillons et d'extraction des acides nucléiques (Mason et al., 2012). Deux autres approches, la métaprotéomique est la quantification des niveaux de protéines ou de peptides, tandis que la métabolomique est liée à l'étude des métabolites de petites molécules. Parmi ces quatre approches, la génomique et la métagénomique sont les méthodes les plus populaires utilisées pour étudier le microbiome côtier en Malaisie. Au moment de la rédaction de ce document, aucun rapport n'a été trouvé sur une étude basée sur la métaprotéomique ou la métabolomique.

Approche génomique

Le tableau 2 présente des exemples d'application réussie de la génomique à plusieurs isolats bactériens pour la détermination de groupes de gènes d'enzymes et de métabolites secondaires. L'étude génomique de la souche CCB-QB4 de *Catenovulum-like* et de la souche CCB-QB1 d'*Aureispira* sp. provenant de l'environnement côtier de Penang a mis en évidence la biosynthèse de l'acide arachidonique (Lau et al., 2019a) et les voies de biosynthèse des acides gras polyinsaturés et des diterpénoïdes (Furusawa et al., 2015) respectivement. Deux autres souches de Hulu Selangor, *Vibrio variabilis* souche T01 (Mohamad et al., 2016) et *Vibrio sinaloensis* T47 (Mohamad et al., 2017) révèlent les propriétés de détection du quorum. Parallèlement, la souche MUSC 125 de *Streptomyces* sp. et la souche CCB-MM3 de *Yangia* sp. provenant d'un environnement de mangrove ont été confirmées avec des voies et des gènes liés à la production d'antioxydants (Ser et al., 2016) et de copolymères de polyhydroxyalcanoate (Lau et al., 2017) respectivement. L'exploration de données des séquences génomiques des six bactéries appartenant au genre *Novosphingobium* à partir de la base de données du National Center for Bioinformatic Information (NCBI) fournit également des informations utiles sur les gènes liés à l'adaptation marine, à la signalisation cellulaire et à la biorémédiation (Gan et al., 2013).

Tableau 2 : Bioprospection microbienne sélectionnée via l'approche génomique dans l'environnement côtier, Malaisie (2000-2020)

No n	Lieu d'échanti llonnage	Souche microbienne	Application potentielle	Réf.
1.	Zone côtière de Penang	Souche de *type caténovulum* CCB-QB4	Agarase	(Lau et al., 2019b)
2.	Zone côtière de Penang	*Aureispira* sp. CCB-QB1	Linoléoyl-CoA désaturase, le gène clé de la biosynthèse de l'acide arachidonique.	(Furusawa et al., 2015)
3.	Eaux côtières à Hulu Selangor	*Vibrio variabilis* souche T01	Détection du quorum	(Mohamad et al., 2016)
4.	Plage Morib, Hulu Selangor.	*Vibrio sinaloensis* T47	Détection du quorum	(Mohamad et al., 2017)
5.	Sol de mangrove sur la côte est de la Malaisie péninsulaire	*Streptomyces* sp. MUSC 125	Propriétés antioxydantes	(Ser et al., 2016)
6.	Sédiments du sol dans la réserve estuarienne de la forêt de mangrove de Matang	*Yangia* sp. souche CCB-MM3	Voie de production du propionyl-CoA et groupe de gènes pour la production de PHA	(Lau et al., 2017)
7.	Base de données NCBI	six bactéries appartenant au genre *Novosphingobium*	Adaptation marine, signalisation cellule-cellule et biorémédiation	(Gan et al., 2013)

Approche métagénomique

La possibilité de profiler diverses communautés microbiennes à l'aide du séquençage de nouvelle génération (NGS) a stimulé l'intérêt pour la recherche sur le microbiome. Cette technologie sans culture et à haut débit permet d'identifier et de comparer des communautés microbiennes entières, ce que l'on appelle la métagénomique. La métagénomique englobe généralement deux stratégies de séquençage particulières : le séquençage par amplicon, le plus souvent du gène de l'ARNr 16S comme marqueur phylogénétique, ou le séquençage shotgun, qui capture la totalité de l'ADN d'un échantillon (Morgan & Huttenhower, 2012).

Il n'existe qu'un nombre limité de rapports sur l'étude du microbiome côtier de la Malaisie par une approche " omique ". Comme le montre le tableau 3, la plupart des études se sont limitées à l'analyse bioinformatique des données de séquençage de l'amplicon de l'ARNr 16S et de séquençage métagénomique shotgun. Les deux stratégies de séquençage ont leurs avantages et leurs applications. L'utilisation du gène de l'ARN ribosomal 16S comme marqueur phylogénétique s'est avérée être une stratégie efficace et rentable pour l'analyse du microbiome et permet même de prédire le contenu fonctionnel sur la base de l'abondance des taxons. Les scientifiques peuvent également opter pour une approche expérimentale directe afin de découvrir la nouvelle fonction biochimique d'une protéine inconnue en recherchant des protéines purifiées ou des bibliothèques de gènes métagénomiques qui utilisent *E. coli* (Lee et al., 2015) ou le phage lambda comme hôte de clonage (Popovic et al., 2017). Par exemple, l'abondance des bactéries dégradant le soufre dans une communauté bactérienne benthique de sédiments marins peu profonds au large de la côte de Terengganu, dans la mer de Chine méridionale, a été détectée grâce à cette stratégie. L'analyse physico-géochimique a révélé que les zones étudiées contenaient du soufre, de l'huile, de la graisse, de l'essence, du diesel et de l'uranium.

huile minérale, ce qui suggère l'effet des conditions environnementales sur la prévalence de la croissance de la communauté des bactéries dégradant le soufre dans la zone nord-est de la zone étudiée (Marziah et al., 2016). Cependant, il y a un problème sur la vulnérabilité de ce protocole aux biais par la préparation des échantillons et les erreurs de séquençage. En outre, le séquençage des amplicons du gène de l'ARNr 16S se limite généralement à une classification taxonomique au niveau du genre selon la base de données et les classificateurs utilisés et ne fournit que des informations fonctionnelles limitées (Morgan & Huttenhower, 2012). D'autre part, la métagénomique shotgun offre à la fois des études phylogénétiques et la composition génétique fonctionnelle des communautés microbiennes (Thomas et al., 2012). Dans le métagénome de la forêt de mangrove de Matang de la zone productive, la communauté microbienne était surabondante en gènes liés au métabolisme des hydrates de carbone, en particulier les enzymes impliquées dans la dégradation et l'utilisation des polysaccharides des parois cellulaires végétales. L'analyse fonctionnelle axée sur les enzymes de dégradation des glucides a révélé un ensemble d'enzymes impliquées dans les enzymes d'utilisation de l'hémicellulose, de la cellulose et de la pectine (Priya et al., 2018). L'inconvénient de la métagénomique shotgun qui a limité son utilisation à grande échelle est son coût relativement élevé et ses exigences bioinformatiques plus élevées (Morgan & Huttenhower, 2012 ; Rausch et al., 2019).

Outre le fait qu'elle s'appuie sur des connaissances antérieures en matière de séquences pour l'identification, la métagénomique basée sur les séquences permet l'identification d'un nombre considérable de gènes codant pour des fonctions putatives sans garantie que les gènes seront exprimés avec succès dans l'hôte hétérologue. D'autre part, même si le criblage fonctionnel des bibliothèques métagénomiques peut offrir de nouvelles découvertes, le coût relativement élevé des kits moléculaires et des vecteurs de clonage importés, le caractère laborieux et potentiellement peu performant du processus de criblage (Kennedy et al., 2008), pourraient être la raison pour laquelle cette approche n'est pas suffisamment attrayante pour les chercheurs locaux.

Tableau 3 : Étude métagénomique sélectionnée en Malaisie (2000-2020)

Non	Lieu d'échantillonnage	Approche/plate forme de séquençage	Réf.
1.	Le long de la côte de Bornéo, de la Malaisie et des Philippines.	Séquençage métagénomique Shotgun/Illumina HiSeq2000	(Song et al., 2017)
2.	Eau de mer de surface de la côte de Georgetown	Shotgun séquençage / (Miseq) Ilumina	(Arumugamet al., 2013)
3.	L'eau de mer à la surface de la zone littorale a été recueillie dans un estuaire à Sabak Bernam et dans un village de pêcheurs à Sekinchan, Selangor.	16srNA séquençage de l'amplicon du gène	(Chan & Chong, 2014)
4.	Sédiments au large de la côte de Terengganu de la mer de Chine méridionale	Séquençage de l'amplicon de l'ARNr 16s (Illumina) Miseq	(Marziah et al., 2016)
5.	Sol de la forêt vierge de la jungle et de la zone productive exploitée de la réserve forestière de mangrove de Matang	Métagénomique Shotgun/ llumina HiSeq2500	(Priya et al., 2018)
6.	Eau de mer du continuum de la mer de Chine méridionale (la rivière Rajang et les estuaires mènent à la mer)	Séquençage de l'amplicon de l'ARNr 16s/ Illumina	(Sien Aun Sia et al., 2019)
7.	Éponges (*Aaptos aaptos* et *Xestospongia muta*) des îles Bidong et Redang.	Séquençage d'amplicons d'ARNr 16S/ Illumina HiSeq2500	(Amelia et al., 2020)

CONCLUSION

Il est important de souligner que la seule séquence du gène de l'ARNr 16S n'est probablement pas suffisante pour identifier de manière unique tout microbe présent dans l'environnement. Cependant, les données peuvent être utilisées pour développer un milieu et une technique de culture ciblés et améliorés. En outre, le développement de vecteurs plus polyvalents, l'ingénierie de la souche hôte et les tests de criblage fonctionnel à haut débit et bon marché pourraient améliorer le faible taux de réussite associé à la métagénomique fonctionnelle. La combinaison de la culture, de la séquence et de l'approche fonctionnelle, suivie d'études biochimiques et pharmaceutiques, permettra potentiellement de découvrir divers composants, composés bioactifs ou gènes de l'énorme majorité des micro-organismes non cultivés présents dans l'environnement.

RÉFÉRENCES

Abdul Malek, N., Zainuddin, Zarina, Chowdhury, A.J.K, Zainal Abidin, Z (2015). Diversité et activité antimicrobienne des actinomycètes du sol de mangrove isolés de Tanjung Lumpur, Kuantan. *Jurnal Teknologi, 77* (25). , 0 pp. 37-43. ISSN 0127-9696

Abdullah, S. (1993). *Coastal Developments in Malaysia-Scope, Issues and Challenges.*

https://www.water.gov.my/jps/resources/auto%20download%20images/5844e2da4907f.pdf

Amelia, T. S. M., Lau, N.-S., Amirul, A.-A. A., et Bhubalan, K. (2020). Données métagénomiques sur le profilage de la diversité bactérienne des éponges marines tropicales à forte abondance microbienne *Aaptos aaptos* et *Xestospongia muta* provenant des eaux au large de Terengganu, mer de Chine méridionale. *Data in Brief*, *31*, 105971. https://doi.org/10.1016/j.dib.2020.105971

Arumugam, R., Chan, X.-Y., et Woh Choo, S. (2013). Analyse métagénomique de la diversité microbienne de l'eau de mer tropicale de la côte de Georgetown   , Malaisie. https://www.researchgate.net/publication/287558965

Burke, L. (2011). *Reefs at risk revisited* (L. Burke, K. Reytar, M. Spalding, & A. Perry, Eds.). Institut des ressources mondiales.

Cantor, T. (1849). *Catalouge des poissons de Malaisie*.

Chan, K.-G., et Chong, T.-M. (2014). Prévalence des bactéries non classées dans les eaux côtières tropicales de Malaisie révélée par une approche métagénomique. *Annonces sur le génome*, *2*(3). https://doi.org/10.1128/genomeA.00419-14

Cheng, T. H., Ismail, N., Kamaruding, N., Saidin, J., & Danish-Daniel, M. (2020). Bactéries marines productrices d'enzymes industrielles à partir de ressources marines. *Biotechnology Reports*, *27*, e00482. https://doi.org/https://doi.org/10.1016/j.btre.2020.e00482

Dinesh, B., Furusawa, G., & Amirul, A. A. (2017). Mangrovimonas xylaniphaga sp. nov. isolé des sédiments de mangrove estuariens de la forêt de mangrove de Matang, Malaisie. *Archives of Microbiology*, *199*(1), 63-67. https://doi.org/10.1007/s00203-016-1275-8

Fatin, S. N., Boon-Khai, T., Shu-Chien, A. C., Khairuddean, M., & Abdullah, A. A. A. (2017). Un actinomycète marin sauve *Caenorhabditis elegans* d'une infection par *Pseudomonas aeruginosa* par la restitution du Lysozyme 7. *Frontières de la microbiologie*, *8*(NOV). https://doi.org/10.3389/fmicb.2017.02267

Fuhrman, J. A., Cram, J. A., & Needham, D. M. (2015). La dynamique des communautés microbiennes marines et leur interprétation écologique. *Nature Reviews Microbiology*, *13*(3), 133-146. https://doi.org/10.1038/nrmicro3417

Furusawa, G., Lau, N.-S., Shu-Chien, A. C., Jaya-Ram, A., & Amirul, A.-A. A. (2015). Identification des voies de biosynthèse des acides gras polyinsaturés et des diterpénoïdes à partir du projet de génome d'*Aureispira* sp. CCB-QB1. *MarineGenomics*, *19*, 39-44. https://doi.org/https://doi.org/10.1016/j.margen.2014.10.006

Gan, H. M., Hudson, A. O., Rahman, A. Y. A., Chan, K. G., & Savka, M. A. (2013). Analyse génomique comparative de six bactéries appartenant au genre *Novosphingobium* : Insights into marine adaptation, cell-cell signaling and bioremediation. *BMC Genomics*, *14*(1). https://doi.org/10.1186/1471-2164-14-431

Gonzalez NB, C., Toquica JS, R., Kleine L, L., & Castano D, M. (2016). Bactéries épiphytes de macroalgues du genre *Ulva* et leur potentiel dans la production d'enzymes ayant un intérêt biotechnologique. *Journal of Marine Biology & Oceanography*, *5*(2). https://doi.org/10.4172/2324-8661.1000153

Hanani, N. S., Naim, A. M., Tengku Abdul Hamid, T. H., Huyop, F., & Abdul Hamid, A. A. (2015). Isolation et identification d'une bactérie dégradant l'acide 3- Chloropropionique à partir d'une éponge marine (Vol. 77). www.jurnalteknologi.utm.my

Jalal, K. C. A., Akbar, B. John., Kamaruzzaman, B. Y., et Kathiresan, K. (2012). *Emergence of Antibiotic Resistant Bacteria from Coastal Environment - A Review. in Antibiotic Resistant Bacteria-A Continuous Challenge in the New Millennium*. InTech.

Kennedy, J., Marchesi, J. R., & Dobson, A. D. (2008). Marine metagenomics : strategies for the discovery of novel enzymes with biotechnological applications from marine environments. *Microbial Cell Factories*, *7*(1), 27. https://doi.org/10.1186/1475-2859-7-27

Knight, R., Jansson, J., Field, D., Fierer, N., Desai, N., Fuhrman, J. A., Hugenholtz, P., van der Lelie, D., Meyer, F., Stevens, R., Bailey, M. J., Gordon, J. I., Kowalchuk, G. A., & Gilbert, J. A. (2012). Déverrouiller le potentiel de la métagénomique grâce à une conception expérimentale répétée.

Nature Biotechnology, 30(6), 513-520. https://doi.org/10.1038/nbt.2235

Kuek, F. W., Mujahid, A., Lim, P.-T., Leaw, C.-P., & Mueller, M. (2016). Diversité et gènes liés au DMS (P) dans les communautés bactériennes cultivables des eaux côtières malaisiennes. *Sains Malaysiana, 45*(6), 915- 931.

Lau, N.-S., Sam, K.-K., et Amirul, A. A.-A. (2017). Caractéristiques du génome de Yangia sp. CCB-MM3, modérément halophile, produisant des polyhydroxyalcanoates. *Standards in Genomic Sciences, 12*(1), 12. https://doi.org/10.1186/s40793-017-0232-8

Lau, N.-S., Tan, W. R., Furusawa, G., & Amirul, A.-A. A. (2019a). Séquence complète du génome de la nouvelle souche agarolytique Catenovulum-like CCB-QB4. *Marine Genomics, 43*, 50-53. https://doi.org/https://doi.org/10.1016/j.margen.2018.08.009

Lau, N.-S., Tan, W. R., Furusawa, G., & Amirul, A.-A. A. (2019b). Séquence complète du génome de la nouvelle souche agarolytique Catenovulum-like CCB-QB4. *Marine Genomics, 43*, 50-53. https://doi.org/https://doi.org/10.1016/j.margen.2018.08.009

Law, J. W. F., Chan, K. G., He, Y. W., Khan, T. M., Ab Mutalib, N. S., Goh, B. H. et Lee, L. H. (2019). Diversité des *Streptomyces* spp. de la forêt de mangrove de Sarawak (Malaisie) et criblage de leurs activités antioxydantes et cytotoxiques. *Scientific Reports, 9*(1). https://doi.org/10.1038/s41598-019- 51622-x

Lee, D. H., Choi, S. L., Rha, E., Kim, S. J., Yeom, S. J., Moon, J. H. et Lee, S. G. (2015). A novel phosphatase alcaline psychrophile du métagénome des sédiments de la plaine de marée. BMC biotechnology, 15(1), 1. https://doi.org/10.1186/s12896-015-0115-2

Marziah, Z., Mahdzir, A., Musa, Md. N., Jaafar, A. B., Azhim, A. et Hara, H. (2016). Abondance des bactéries dégradant le soufre dans une communauté bactérienne benthique de sédiments marins peu profonds dans la côte au large de Terengganu de la mer de Chine méridionale. *MicrobiologyOpen, 5*(6), 967-978. https://doi.org/10.1002/mbo3.380

Mason, O. U., Hazen, T. C., Borglin, S., Chain, P. S. G., Dubinsky, E. A., Fortney, J. L., Han, J., Holman, H.-Y. N., Hultman, J., Lamendella, R., Mackelprang, R., Malfatti, S., Tom, L. M., Tringe, S. G., Woyke, T., Zhou, J., Rubin, E. M., & Jansson, J. K. (2012). Le séquençage du métagénome, du métatranscriptome et de la cellule unique révèle la réponse microbienne à la marée noire de Deepwater Horizon. *The ISME Journal, 6*(9), 1715-1727. https://doi.org/10.1038/ismej.2012.59

Mazalan, N., Zain, M. M., & Hamzah, A. S. (2012). Activité antimicrobienne des bactéries marines de la zone côtière malaisienne. *2012 IEEE Symposium on Humanities, Science and Engineering Research*, 1273-1277. https://doi.org/10.1109/SHUSER.2012.6268808

Mazlan, A. G., Zaidi, C. C., Wan-Lotfi, W. M., & Othman, H. R. (2005). Sur l'état actuel de la biodiversité marine côtière en Malaisie. Dans *Indian Journal of Marine Sciences* (Vol. 34, Issue 1).

McKew, B. A., Taylor, J. D., McGenity, T. J., & Underwood, G. J. C. (2011). Résistance et résilience des communautés de biofilms benthiques d'un marais salé tempéré à la dessiccation et à la réhumidification. *The ISME Journal, 5*(1), 30-41. https://doi.org/10.1038/ismej.2010.91

Ministère de la pêche et des affaires côtières, (Norvège). (2009). La *bioprospection marine - une source de croissance de richesse nouvelle et durable.* https://www.regjeringen.no/en/dokumenter/marine-bioprospecting--a-a/id575822/ source-of-new-

Mohamad, N. I., Adrian, T. G. S., Tan, W. S., Muhamad Yunos, N. Y., Tan, P. W., Yin, W. F., & Chan, K.

G. (2016). *Vibrio variabilis* T01 : une bactérie marine tropicale présentant une production unique de N-acyl homosérine lactoneproduction . *FrontiersinLifeScience, 9*(1), 17-23. https://doi.org/10.1080/21553769.2015.1066716

Mohamad, N. I., How, K. Y., Yin, W.-F., & Chan, K.-G. (2017). Séquençage du génome entier de *Vibrio sinaloensis* T47, un isolat marin tropical avec des propriétés de détection de quorum. *Journal of Genomics, 5*, 48-50. https://doi.org/10.7150/jgen.16163

Morgan, X. C., & Huttenhower, C. (2012). Chapitre 12 : Analyse du microbiome humain. *PLoS*

Computational Biology, *8*(12), e1002808. https://doi.org/10.1371/journal.pcbi.1002808

Mossop, J. (2015). *" Marine Bioprospecting " dans The Oxford Handbook of the Law of the Sea* (D. Rothwell,
A. O. Elferink, K. Scott, & Stephens Tim, Eds.). Oxford University Press.

Moulton, O. M., Altabet, M. A., Beman, J. M., Deegan, L. A., Lloret, J., Lyons, M. K., Nelson, J. A. et Pfister, C. A. (2016). Associations microbiennes avec le macrobiote dans les écosystèmes côtiers : modèles et implications pour le cycle de l'azote. *Frontiers in Ecology and the Environment*, *14*(4), 200-208. https://doi.org/10.1002/fee.1262

MYBIS, M. B. I. S. (2015). La *biodiversité marine et côtière*. https://www.mybis.gov.my/art/6

Naresh, S., Kunasundari, B., Gunny, A. A. N., Teoh, Y. P., Shuit, S. H., Ng, Q. H. et Hoo, P. Y. (2019). Isolement et caractérisation partielle des bactéries cellulolytiques thermophiles du sol de mangrove tropicale du nord de la Malaisie. *Tropical Life Sciences Research*, *30*(1), 123-147. https://doi.org/10.21315/tlsr2019.30.1.8

Omar, S. M., Farouk, N. M., Malek, N. A. et Abidin, Z. A. Z. (2017). *Verrucosispora* sp. K2-04, producteur potentiel de xylanase à partir des sédiments de la forêt de mangrove de Kuantan. *International Journal of Food Engineering*. https://doi.org/10.18178/ijfe.3.2.165-168

Popovic, A., Hai, T., Tchigvintsev, A. et al. (2017). Le criblage d'activité des bibliothèques métagénomiques environnementales révèle de nouvelles familles de carboxylestérases. Sci Rep 7, 44103

Prakash, O., Shouche, Y., Jangid, K., & Kostka, J. E. (2013). La culture microbienne et le rôle des centres de ressources microbiennes à l'ère des omiques. *Applied Microbiology and Biotechnology*, *97*(1), 51-62. https://doi.org/10.1007/s00253-012-4533-y

Priya, G., Lau, N.-S., Furusawa, G., Dinesh, B., Foong, S. Y., & Amirul, A.-A. A. (2018). Aperçus métagénomiques sur les profils phylogénétiques et fonctionnels du microbiome du sol d'une mangrove gérée en Malaisie. *Agri Gene*, *9*, 5-15. https://doi.org/10.1016/j.aggene.2018.07.001

Rausch, P., Rühlemann, M., Hermes, B. M., Doms, S., Dagan, T., Dierking, K., Domin, H., Fraune, S., von Frieling, J., Hentschel, U., Heinsen, F. A., Höppner, M., Jahn, M. T., Jaspers, C., Kissoyan, K. A. B., Langfeldt, D., Rehman, A., Reusch, T. B. H., Roeder, T., ... Baines, J. F. (2019). L'analyse comparative des méthodes de séquençage amplicon et métagénomique révèle des caractéristiques clés dans l'évolution des métaorganismes animaux. *Microbiome*, *7*(1). https://doi.org/10.1186/s40168-019-0743-1

Ser, H. L., Palanisamy, U. D., Yin, W. F., Abd Malek, S. N., Chan, K. G., Goh, B. H., & Lee, L. H. (2015). Présence d'un agent antioxydant, Pyrrolo[1,2-a] pyrazine-1,4-dione, hexahydro- dans *Streptomyces mangrovisoli* sp. nov nouvellement isolé. *Frontiers in Microbiology*, *6*(AUG). https://doi.org/10.3389/fmicb.2015.00854

Ser, H. L., Tan, W. S., Ab Mutalib, N. S., Yin, W. F., Chan, K. G., Goh, B. H. et Lee, L. H. (2016). Projet de séquence génomique de *Streptomyces* sp. MUSC 125 dérivé de la mangrove avec un potentiel antioxydant. *Frontiers in Microbiology*, *7*(SEP). https://doi.org/10.3389/fmicb.2016.01470

Sien Aun Sia, E., Zhu, Z., Zhang, J., Cheah, W., Jiang, S., Holt Jang, F., Mujahid, A., Shiah, F. K., & Müller, M. (2019). Distribution biogéographique des communautés microbiennes le long de l'iver-Rajang.
Continuum de la mer de Chine méridionale. *Biogeosciences*, *16*(21), 4243-4260. https://doi.org/10.5194/bg-16-4243- 2019

Simon, C., & Daniel, R. (2011). Analyses métagénomiques : Past and Future Trends. *Applied and Environmental Microbiology*, *77*(4), 1153-1161. https://doi.org/10.1128/AEM.02345-10

Song, J., Mujahid, A., Lim, P.-T., Samah, A. A., Quack, B., Pfeilsticker, K., Tang, S.-L., Ivanova, E. et Müller, M. (2017). Analyse métagénomique Shotgun des communautés microbiennes dans les eaux de surface de la mer de Chine méridionale orientale. *Malaysian Journal of Microbiology*, *13*(4), 350-362. http://metagenomics.anl.gov/

Staley, J. T., & Konopka, A. (1985). Measurement of in Situ Activities of Nonphotosynthetic Microorganisms in Aquatic and Terrestrial Habitats. *Annual Review of Microbiology*, *39*(1), 321-346. https://doi.org/10.1146/annurev.mi.39.100185.001541

Thomas, T., Gilbert, J., & Meyer, F. (2012). La métagénomique : un guide de l'échantillonnage à l'analyse des données. *Microbial Informatics and Experimentation*, *2*(1), 3.

Vogel, M. A., Mason, O. U., & Miller, T. E. (2020). Déterminants hôte et environnementaux de la structure de la communauté microbienne dans la phyllosphère marine. *PloS One*, *15*(7), e0235441. https://doi.org/10.1371/journal.pone.0235441

Yasim, N. H. M. (2018). Isolement, identification et caractérisation des bactéries lignocellulosiques des racines de mangrove.

Zainal Abidin, Z. A., Abdul Malek, N., Zainuddin, Z., & Chowdhury, A. J. K. (2016). Isolement sélectif et activité antagoniste des actinomycètes de la forêt de mangrove de Pahang, Malaisie. *Frontiers in Life Science*, *9*(1), 24-31. https://doi.org/10.1080/21553769.2015.1051244

Aquaculture multi-trophique intégrée (AMTI) en eau libre dans les écosystèmes côtiers : Situation et perspectives en Malaisie

Najiah, M. [1*], Lee, K. L. [1], Nadirah, M. [1], Jalal, K. C. A. [2], Laith, A. A. [1], Habib, A. [1], Sheikh, H.I. [1], N.W. Rasdi1, Zainathan, S.C. [1], Abu Hena, M. K. [1], Ruhil H. H. [3]

1Faculté de la pêche et des sciences alimentaires, Universiti Malaysia Terengganu (UMT), 21030 Kuala Nerus, Terengganu.

2Kulliyyah des sciences, Université islamique internationale de Malaisie (IIUM), Jalan Sultan Ahmad Shah, Bandar Indera Mahkota, 25200 Kuantan, Pahang.

3Département de paraclinique, Faculté de médecine vétérinaire, Universiti Malaysia Kelantan (UMK), Pengkalan Chepa, 16100 Kota Bharu, Kelantan.

**Auteur correspondant : najiah@umt.edu.my*

RÉSUMÉ

Dans le monde entier, le poisson est une source importante de protéines animales abordables pour les humains. Dans un contexte de demande croissante de produits de la mer, l'aquaculture joue un rôle important pour combler le déficit d'approvisionnement des pêcheries de capture stagnantes et répondre aux besoins de la population croissante. L'élevage en cage en Malaisie est confiné aux eaux côtières abritées en raison des contraintes liées aux faibles intrants technologiques. L'élevage intensif monotrophique en cage est de plus en plus confronté à la mort massive et soudaine des poissons en raison de la pollution côtière résultant des activités anthropiques terrestres et de l'élevage en cage lui-même. L'aquaculture multi-trophique intégrée (AMTI) combine l'élevage de différentes espèces trophiques à proximité pour des fonctions symbiotiques et complémentaires afin de favoriser la résilience, l'harmonie et la durabilité écologiques, ainsi que pour aider à réduire les maladies. Bien qu'elle n'en soit qu'à ses débuts, l'AMTI a de bonnes chances de contribuer à la bio-atténuation de la pollution côtière, à la restauration et à la préservation des écosystèmes côtiers vulnérables de Malaisie. Il n'existe pas de système d'AMTI universel. Une combinaison optimale d'espèces doit être déterminée empiriquement sur la base des scénarios économiques et écologiques locaux.

Mots-clés : Cages marines, autopollution, impacts environnementaux, bio-mitigation, durabilité.

INTRODUCTION

La population mondiale actuelle de 7,7 milliards d'habitants devrait passer à 9,7 milliards d'ici 2050 (Nations unies, Département des affaires économiques et sociales, Division de la population, 2019). L'augmentation de la population pose d'énormes pressions et défis à la sécurité alimentaire et nutritionnelle, avec plus de 820 millions de personnes dans le monde qui souffrent encore de la faim. Le poisson est une source importante de protéines animales abordables pour les humains, atteignant 50 % de l'apport total ou plus dans de nombreux pays les moins développés, y compris ceux de la région asiatique (FAO, 2020). Alors que les pêches de capture mondiales stagnent en volume et sont de moins en moins capables de répondre à la demande mondiale croissante de produits de la mer, l'espoir repose sur l'aquaculture, en croissance constante, pour répondre à la demande croissante (figure 1). Dotée d'un long littoral, la Malaisie possède un vaste front côtier avec des eaux abritées potentielles pour l'élevage en cages marines. L'élevage côtier en cage est exploité de manière intensive, presque entièrement à un seul niveau trophique, où différentes mono-espèces sont élevées indépendamment dans différentes cages ou zones. Cette pratique monotrophique a entraîné, au fil du temps, la pollution et la dégradation de l'environnement côtier, ce qui a provoqué des épisodes de mort subite et massive chez les poissons d'élevage. Cette revue a examiné le statut de l'AMTI en eau libre en Malaisie, et ses perspectives dans la bio-mitigation de la pollution côtière, la restauration et la préservation des écosystèmes côtiers vulnérables pour le développement durable de la culture en cage marine.

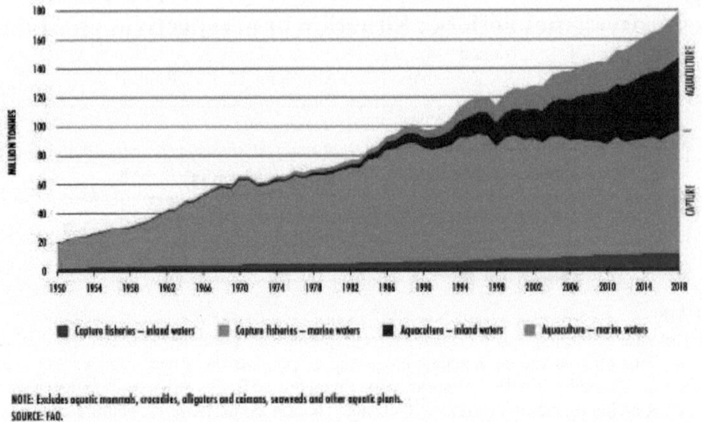

Fig. 1 : Production mondiale des pêches de capture et de l'aquaculture (FAO, 2020).

L'élevage en cages marines en Malaisie

La culture en cage a été établie commercialement pour la première fois dans les années 1980 (Shariff et Gopinath, 2000). La technologie de faible niveau a confiné l'élevage en cage aux régions côtières protégées des fortes vagues, comme les zones abritées par des îles, des lagons et des estuaires. Dans le nord, l'état de Penang possède 30 961 unités de cages avec une superficie de 638 082 m^2, suivi par Perak (17 840 cages, 363 458,46 m^2) et Kedah (8 818 cages, 135 582,19 m^2). Dans la région centrale, Selangor compte 17 961 cages pour 313 972,95 m^2. Dans le sud, c'est Johore qui compte le plus grand nombre de cages (8 856) pour une superficie de 624 270 m^2. Sur la côte est, l'élevage en cage est principalement situé à Kelantan (5 622 cages, 57 283,88 m^2) et Terengganu (2 047 cages, 40 956,82 m^2). Dans l'est de la Malaisie, Sabah et Sarawak comptent respectivement 8 699 cages (220 504 m^2) et 1 630 cages (16 795 m^2) (DOF, 2018). La pratique de l'élevage en cage est presque uniquement monotrophique et consiste à cultiver des poissons à nageoires tels que le bar, les mérous et les vivaneaux, tandis qu'un très petit nombre de pisciculteurs font également de la culture en ligne d'espèces extractives biologiques, qui dépend de la disponibilité de graines naturelles à proximité du site de la cage. La pratique de la monotrophie est de plus en plus confrontée à des défis de taille en raison de la mort massive et soudaine des poissons due à la baisse de la qualité des eaux côtières.

Questions relatives à l'environnement et aux maladies dans la culture en cage marine

L'élevage marin en cage peut contribuer à alléger la pression de pêche sur les stocks de poissons sauvages, mais s'il n'est pas géré, il peut effectivement être dommageable pour l'écosystème. L'élevage intensif en cage peut entraîner une détérioration significative de la qualité de l'eau en raison des déchets alimentaires et des apports fécaux. On estime que 52 à 95 % de l'azote (N) ajouté au système d'élevage sous forme de nourriture finit par polluer l'environnement (Handy et Poxton, 1993), en raison du gaspillage, de la mauvaise absorption et de la rétention. Les rejets organiques de l'élevage en cages épuisent l'oxygène dissous (DO) dans la colonne d'eau par le processus de dégradation microbienne (Hargrave et al., 1993). De plus, l'activité de compostage microbien peut directement causer une demande biochimique en oxygène élevée (Suratman et al., 2009). En outre, ce processus augmente également la production de dioxyde de carbone dans les masses d'eau en raison de la respiration, et conduit à des valeurs de pH faibles. L'auto-pollution de l'élevage en cage, si elle n'est pas contrôlée, peut provoquer l'eutrophisation des masses d'eau et des fonds marins, et induire une croissance excessive des algues et des plantes.

En outre, l'écosystème côtier est continuellement exposé à la contamination anthropique résultant de l'urbanisation, de l'industrialisation et d'autres activités économiques. Dans le cadre d'une surveillance de la qualité de l'eau sur 10 ans (2003 à 2010 et 2014 à 2015) sur un site de mariculture dans la lagune de Setiu Wetland, Terengganu, Poh et al. (2019) ont révélé une concentration élevée de phosphore liée à la plantation de palmiers à huile, un taux élevé de solides en suspension dû au défrichement à grande échelle et un enrichissement en ammonium résultant des rejets de l'aquaculture terrestre.

L'aquaculture et la pollution anthropique chargent continuellement les eaux côtières d'une grande quantité de déchets organiques et inorganiques. Ces déchets non seulement perturbent les poissons par un appauvrissement de l'oxygène, un empoisonnement à l'ammoniac et une prolifération d'algues nuisibles, mais prédisposent également les espèces cultivées à divers agents pathogènes (Najiah et al., 2002 ; Najiah et al., 2008 ; Ariff et al., 2019). En Malaisie, les morts massives et soudaines de poissons liées à la détérioration de la qualité de l'eau sont de plus en plus fréquentes dans les principales zones côtières d'élevage en cages, entraînant de très lourdes pertes pour les agriculteurs (Lim, 2019, 12 août ; Audrey, 2020, 4 juin ; Lo, 2020, 5 juin). À cet égard, des mesures d'atténuation sont nécessaires pour assainir les eaux riches en nutriments et empêcher qu'elles ne s'aggravent à un point intolérable pour les poissons. Ceci, à son tour, soutiendra le développement durable de l'aquaculture côtière.

Aquaculture multi-trophique intégrée
L'aquaculture multi-trophique intégrée est l'élevage d'espèces aquacoles de différents niveaux de la chaîne alimentaire à proximité les unes des autres pour des fonctions écosystémiques complémentaires, les aliments non consommés et les déchets d'une espèce étant utilisés par les espèces des autres niveaux. Par exemple, dans l'écosystème marin, les espèces aquacoles nourries (par exemple, les poissons à nageoires) sont intégrées à des espèces extractives organiques (par exemple, les suspensivores et les dépositaires) et à des espèces extractives inorganiques (par exemple, les algues). La figure 2 montre la conception schématique du système d'AMTI en eau libre.

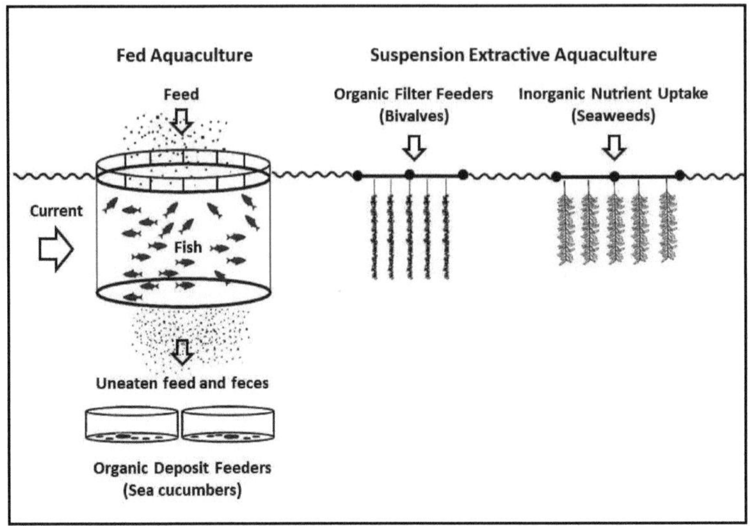

Fig. 2. Vue schématique d'un module d'AMTI en eau libre montrant l'intégration d'espèces aquacoles nourries (par exemple, des poissons) avec des espèces extractives organiques (par exemple, des bivalves comme filtreurs de suspension et des concombres de mer comme mangeurs de dépôt) et des espèces extractives inorganiques (par exemple, des algues). Les mangeurs de dépôt sont cultivés sous les cages des poissons pour nettoyer les aliments non consommés et les excréments des poissons, tandis que les filtreurs absorbent les particules organiques en suspension et que les espèces extractives inorganiques éliminent les nutriments inorganiques dissous tels que l'azote et le phosphore.

Le système d'AMTI a une longue histoire en Chine concernant les bivalves et les algues. Il est pratiqué avec succès dans la baie de Sanggou depuis la fin des années 1980 (Fang et al., 1996), et il est maintenant largement appliqué dans de nombreuses régions de Chine. La combinaison d'ormeau, d'algues et de concombre de mer est l'un des modules les plus efficaces dans la pratique. Au Canada, la recherche initiale sur l'AMTI a eu lieu en 2001 dans la baie de Fundy, sur la co-culture du saumon (*Salmo salar*), du varech (*Laminaria saccharina* et *Alaria esculenta*) et de la moule bleue (*Mytilus edulis*) (Chopin et al., 2007 ; Chopin et Robinson, 2004). L'étude a montré une augmentation de la croissance du varech et des moules de 46 % et 50 %, respectivement, ce qui indique une augmentation de la disponibilité de la nourriture près des élevages de saumon. Chopin et al. (2007) ont également montré que, moyennant une gestion appropriée, les moules et les algues produites par l'AMTI peuvent être utilisées en toute sécurité pour la consommation humaine. D'autres pays ont également exploré l'AMTI, notamment le Chili, l'Afrique du Sud et Israël (Chopin et al., 2008 ; Barrington et al., 2009), et plus récemment le Royaume-Uni (en particulier l'Écosse), l'Irlande, l'Espagne, le Portugal, la France, la Turquie, la Norvège, le Japon, la Corée, la Thaïlande, les États-Unis et le Royaume-Uni.
États-Unis et Mexique (Garcia, 2012).

L'approche AMTI vise à réduire les impacts environnementaux des déchets organiques et inorganiques de l'aquaculture afin que celle-ci soit plus durable sur le plan écologique (Lefebvre et al., 2000 ; Chopinetal., 2008 ; Troell et al., 2003 ; Neori et al., 2017). Elle est considérée comme une forme spécialisée de la pratique séculaire de la polyculture qui consistait à co-cultiver diverses espèces dans les plans d'eau, souvent sans tenir compte du niveau trophique. Du point de vue économique, l'AMTI est également un moyen de réduire le risque économique et d'accroître la compétitivité par la diversification des espèces (Barrington et al., 2009). Elle gagne de plus en plus d'importance pour la qualité de son rendement et sa compatibilité environnementale. Le tableau 1 présente quelques-uns des modules expérimentaux d'AMTI en Asie du Sud-Est.

Tableau 1 : Modules expérimentaux de l'AMTI dans certains pays d'Asie du Sud-Est.

Pays	Combinaison d'espèces	Résultats	Référence
Baie de Gerupuk, Lombok central, Indonésie,	Mérou tigre (*Epinephelus fuscoguttatus*), pompano argenté (*Trachinotus blochii*) et algues. (*Kappaphycus alvarezii*)	Bonne croissance du mérou et du pompano, et augmentation de la production d'algues.	Radiarta et Erlania, 2016
Baie de Gerupuk, Lombok central, Indonésie,	(*Eucheuma cottonii* - homard - ormeau) ; (*E. cottonii* - ormeau - carpe rouge) ; (*E. cottonii* - ormeau - mérou) ; (*E. cottonii* - ormeau - pomfret)	La combinaison *E. cottonii* - ormeau - mérou a montré la plus forte production de biomasse d'*E. cottonii*.	Sukiman et al., 2014.
Sud de Cebu, Philippines	L'ormeau oreille d'âne (*Haliotis asinine*) comme espèce nourrie et les algues marines (*Gracilaria heteroclada* et *Eucheuma denticulatum* comme espèces inorganiques. espèces extractives	La culture des ormeaux n'a pas produit une grande quantité de déchets à l'échelle de l'élevage expérimental. Les cages d'ormeaux cultivés côte à côte de *Gracilaria* et *Eucheuma* servent de alimentation à la demande et biofiltres pour les déchets inorganiques	Largo et al., 2016
Guimaras, Philippines	Culture combinée en enclos du chanos *chanos* et du concombre de mer. *Holothuria scabra* et l'algue *Kappaphycus* sp.	Atténuation des impacts de l'excès de nutriments provenant des aliments non consommés et des excréments des poissons-laits, et obtention de revenus supplémentaires grâce aux espèces non nourries.	SEAFDEC, 2017
La province de Khánh Hòa, Vietnam	Concombre de mer avec crevettes ou escargots de Babylone	La culture à faible coût du concombre de mer a permis d'améliorer la qualité de l'eau pour les crevettes ou les poissons. escargots de babylone	Le site du poisson, 2019
Sabah, Malaisie,	Langoustes (*Panulirus ornatus*), concombres de mer (*Holothuria scabra*) et algues (*Kappaphycus alvarezii*) dans un système de recirculation et d'écoulement.	Meilleure efficacité de l'assainissement de la qualité de l'eau et de la croissance du système d'écoulement.	Sumbing et al., 2016

Situation et perspectives de l'AMTI en Malaisie

Le concept d'AMTI n'en est qu'à ses débuts en Malaisie. Dans le Terengganu et le Kelantan, en fonction de la disponibilité des graines sauvages, certains élevages en cage pratiquent la culture de l'huître au compte-gouttes en même temps que celle du bar ou du mérou pour obtenir un revenu supplémentaire plutôt que dans une perspective écologique. À cet égard, la sensibilisation à l'écologie et le soutien technique aideront les agriculteurs à adopter le module complet de l'AMTI. Dotée d'un littoral étendu et de nombreuses îles, la Malaisie dispose de divers habitats pour une bonne variété d'algues marines avec 35 espèces dans 12 familles de Cyanophyta ; 113 espèces dans 16 familles de Chlorophyta ; 95 espèces dans 8 familles d'Ochrophyta ; et 216 espèces dans 36 familles de Rhodophyta. Malgré la richesse des ressources en algues, seules *Kappaphycus alvarezii, Eucheuma denticulatum* et *Gracilaria manilaensis ont* été identifiées comme pouvant être utilisées à des fins commerciales (Phang et al., 2019). Les algues marines sont aujourd'hui le plus largement cultivées à Sabah avec 9 835,30 Ha de zones agricoles, tandis que Kedah a une culture à très petite échelle de 0,68 Ha (DOF, 2018). Avec une culture d'algues marines bien établie, et 220 504 ^{m2} (8 699 cages) de culture en cage, Sabah pourrait avoir une meilleure opportunité de mettre en œuvre l'AMTI par rapport aux autres États.

CONCLUSION

L'élevage en cage en Malaisie est à la croisée des chemins, car la pollution due aux activités anthropiques terrestres et à l'élevage en cage lui-même perturbe continuellement l'homéostasie de l'écosystème. Il ne faudra peut-être pas attendre longtemps avant que la mortalité massive des poissons liée à la pollution ne devienne trop importante et ne rende l'élevage non viable commercialement. Bien qu'elle n'en soit qu'à ses débuts en Malaisie, l'AMTI offre de bonnes perspectives pour la bio-atténuation de la pollution côtière, ainsi que pour la restauration et la préservation de l'écosystème côtier vulnérable. La nature symbiotique et complémentaire de l'AMTI favorisera la résilience écologique, l'harmonie et la durabilité, et réduira la probabilité de maladie chez les espèces cultivées. Néanmoins, il n'existe pas de système d'AMTI à taille unique. Un module efficace dans une localité a peu de chances de convenir à tous les endroits. La combinaison optimale d'espèces doit être déterminée empiriquement sur la base des scénarios économiques et écologiques locaux.

RÉFÉRENCES

Ariff, N., Abdullah, A., Azmai M.N.A., Musa N., & Zainathan, S.C. (2019). Facteurs de risque associés à la nécrose nerveuse virale chez les mérous hybrides en Malaisie et forte similitude de son agent causal virus de la nécrose nerveuse avec les souches réassortantes virus de la nécrose nerveuse du mérou à taches rouges/virus de la nécrose nerveuse de la carpe rayée. *Veterinary World*, 12(8), 1273-1284.

Audrey, D. (2020, 4 juin). Pas besoin de s'inquiéter des carcasses de poissons en mer. *New Straits Times*. Récupéré sur https://www.nst.com.my/news/nation/2020/06/597957/no-need-worry-about-fish-carcasses-sea.

Barrington, K., Chopin, T., & Robinson, S. (**2009**). Aquaculture multi-trophique intégrée (AMTI) dans les eaux marines tempérées. Dans D. Soto (ed.). Integrated mariculture : a global review. *Document technique de la FAO sur les pêches et l'aquaculture*. No. 529. Rome, FAO. pp. 7-46.

Chopin, T., & Robinson, S. (2004) Defining the appropriate regulatory and policy framework for the development of integrated multi-trophic aquaculture practices:introduction to the workshop and positioning of the issues. *Bull Aquacult Assoc Can*. 104, 4-10.

Chopin, T., Robinson, S., Page, F., Ridler, N., Sawhney, M., Szemerda, M., Sewuster, J., & Boyne-Travis, S. (2007). L'aquaculture multi-trophique intégrée progresse au Canada. *Revue canadienne de recherche et développement en aquaculture*, p. 28.

Chopin, T., Robinson, S.M.C., Troell, M., Neori, A., Buschmann, A.H., & Fang, J. (2008). Multitrophic Integration for Sustainable Marine Aquaculture. In Sven Erik Jørgensen and Brian D. Fath (Editor- in-Chief), *Ecological Engineering*. Vol. [3] de l'*Encyclopédie de l'écologie*, 5 vols. pp. 2463-2475. Oxford : Elsevier.

DOF. (2018). Statistiques annuelles sur la pêche . Consulté sur le site https://www.dof.gov.my/dof2/ resources/user_29/Documents/Perangkaan%20Perikanan/2018%20Jilid%201/Table_akua_201 8_- new.pdf

Fang, J., Kuang, S., Sun, H., Li, F., Zhang, A., Wang, X., & Tang, T. (1996). Mariculture status and optimizing measurements for the culture of scallop *Chlamys farreri* and kelp *Laminaria japonica* in Sanggou Bay. *Mar Fish Res*, 17, 95-102.

FAO. (2020). La situation mondiale des pêches et de l'aquaculture 2020. La durabilité en action. Rome. https://doi.org/10.4060/ca9229en

Garcia, J. (2012). Alternative durable pour la diversification des cultures et la protection de la qualité de l'environnement marin. Dans Integrated Multi-trophic Aquaculture (IMTA) : Une alternative durable et pionnière pour les cultures marines en Galice (ed. Guerrero, S. et Cremades, J.), pp. 9. Gouvernement régional de Galice (Espagne), Conseil régional de l'environnement rural et maritime régional Centre de recherche marine, Espagne. https://hal.archives-ouvertes.fr/h

Handy, R.D., & Poxton, M.G. (1993). Nitrogen pollution in mariculture : toxicity and excretion of nitrogenous compounds by marine fish. *Rev. Fish. Biol. Fisheries*, 3, 205-241.

Hargrave, B.T., Duplisea, D.E., Pfeiffer, E., & Wildfish, D.J. (1993). Seasonal changes in benthic fluxes of dissolved oxygen and ammonium associated with marine cultured Atlantic salmon. *Marine Ecology Progress Series*, 96, 249-257.

Largo, D.B., Diola, A.G., & Marababol, M.S. (2016). Développement d'un système d'aquaculture multi-trophique intégrée (AMTI) pour les espèces marines tropicales dans le sud de Cebu, Philippines centrales. *Rapports sur l'aquaculture*, 3, 67-76.

Lefebrve S., Barille', L., & Clerc, M. (2000). Pacific oyster (*Crassostrea gigas*) feeding responses to a fish farm effluent. *Aquaculture*, 187, 185-198.

Lim, C. (2019, 12 août). Les pisciculteurs sont à nouveau touchés par la découverte de 50 000 poissons morts à Teluk Bahang. *The Star*. Récupéré de https://www.thestar.com.my/news/nation/2019/08/ 12/fish-breeders-hit- badly-again-as-50-000-fishes-found-dead-in-teluk-bahang.

Lo, T.C. (2020, 5 juin). Marée rouge se dirigeant vers Kedah. *The Star*. Récupéré sur https://www.thestar.com.my/news/nation/2020/06/05/killer-red-tide-heading-towards-kedah

Najiah, M., Lee, K.L., Hassan, M.D., Muhd-Azmi, M. L., & Shariff, M. (2002). Caractéristiques morphologiques, biochimiques et physiologiques des isolats de *Vibrio parahemolyticus* dans les bassins de poissons et de crevettes malades en Malaisie. *Jurnal Veterinar Malaysia*, 14(1&2), 25-30.

Najiah, M., Nadirah, M., Lee, K. L., Lee, S.W, Wendy, W., Ruhil, H.H., & Nurul, F.A. (2008). Flore bactérienne et métaux lourds dans les huîtres cultivées *Crassostrea iredalei* de la zone humide de Setiu, côte est de la Malaisie péninsulaire. *Veterinary Research Communication*, 32, 377-381.

Neori, A., Shpigel, M., Guttman, L., & Israel, A. (2017). Développement de la polyculture et de l'aquaculture multi trophique intégrée (AMTI) en Israël : une revue. *The Israeli Journal of Aquaculture-Bamidgeh*, 69:1- 19.

Phang, S.M., Yeong, H.Y., & Lim, P.E. (2019). Les ressources en algues marines de la Malaisie. *Botanica Marina*, 62(3). https://doi.org/10.1515/bot-2018-0067

Poh, S. C., Ng, N.C.W., Suratman, S., Mathew, D., & Mohd Tahir, N. (2019). Disponibilité des nutriments dans la lagune humide de Setiu, Malaisie : tendances, causes possibles et impacts environnementaux. *Environmental Monitoring and Assessment*, 191, 3. https://doi.org/10.1007/s10661-018-7128-y

Radiarta, N., et Erlania. (2016). Performance des produits maricoles dans le cadre du système d'aquaculture multi-trophique intégrée (AMTI) à la baie de Gerupuk, Lombok central, Nusa Tenggara occidental. *Jurnal Riset Akuakultur*, 11 (1), 85-97.

SEAFDEC. (2017). Situation des pêches et de l'aquaculture en Asie du Sud-Est. Southeast Asian Fisheries DevelopmentCenter , Bangkok, Thaïlande. 167 pp.

http://repository.seafdec.org/bitstream/handle/20.500.12066/6204/6.5-Addressing-concerns-due-to- aquaculture-climate-changement.pdf?sequence=1&isAllowed=y

Shariff, M., & Gopinath, N. (2000). Cage culture in Malaysia : an overview [Présentation du document]. Dans *Cage Aquaculture in Asia* : Proceedings of the First International Symposium on Cage Aquaculture in Asia (pp. 75-81). Asian Fisheries Society, Manille, et World Aquaculture Society - Southeast Asian Chapter, Bangkok.

Sukiman, Faturrahman, Rohyani I.S., & Ahyadi, H. (2014). Croissance de l'algue *Eucheuma cottonii* dans des systèmes d'élevage marin multi trophiques à Gerupuk Bay, Lombok central, Indonésie Nusantara. *Bioscience*, 6, 82-85.

Sumbing, M.V., Al-Azad, S., Estim, A., & Mustafa, S. (2016). Performances de croissance de la langouste *Panulirus ornatus* dans un système terrestre d'aquaculture multi-trophique intégrée (AMTI). *Transactions sur la science et la technologie*, 3(1-2), 143-149.

Suratman, S., Awang, M., Loh, A.L., & Mohd Tahir, N. (2009). Étude de l'indice de qualité de l'eau dans le bassin de la rivière Paka, Terengganu (en malais). *Sains Malaysiana*, 38, 125-131.

Le site du poisson. (2019). Le Vietnam promeut l'AMTI du concombre de mer. Récupéré sur https://thefishsite.com/articles/vietnam-promotes-sea-cucumber-imta

Troell, M., Halling, C., Neori, A., Chopin, T., Buschman, A.H., Kautsky, N., & Yarish, C. (2003). La mariculture intégrée : poser les bonnes questions. *Aquaculture*, 226, 69-90.

Nations unies, Département des affaires économiques et sociales, Division de la population. (2019). Perspectives de la population mondiale 2019 : faits marquants (ST/ESA/SER.A/423).

Propriétés antioxydantes de Nerita articulata provenant de la mangrove estuarienne de Kuantan, Pahang, Malaisie.

Deny Susanti1*, Mohd Faizol, A.[L2]

1Département de chimie, Kulliyyah of Science, International Islamic University Malaysia, 25200 Kuantan, Pahang, Malaisie.

2Département de biotechnologie, Kulliyyah of Science, International Islamic University Malaysia, 25200 Kuantan, Pahang, Malaisie.

**Auteur correspondant : deny@iium.edu.my.*

RÉSUMÉ

Les mollusques sont l'un des principaux macroinvertébrés qui jouent un rôle écologique important dans la dynamique des nutriments dans l'écosystème de mangrove, car ils constituent un maillon essentiel du réseau alimentaire en tant que prédateurs, herbivores, détritivores et filtreurs. Ce sont des bioindicateurs utiles de la pollution environnementale, en raison de leurs méthodes d'alimentation par filtration. Sur la base des contextes ci-dessus, les propriétés antioxydantes des espèces de mollusques *Nerita articulata* ont été étudiées dans un estuaire de mangrove, Kuantan, Pahang autour de la côte est de la Malaisie. Dans la présente étude, différents tests antioxydants ont été effectués pour évaluer les activités antioxydantes d'extraits d'eau, de méthanol et de dichlorométhane : méthanol de *N. articulata*. Les résultats ont été comparés avec l'alpha-tocophérol et l'acide ascorbique, qui sont généralement connus comme des composés antioxydants. Le pourcentage des activités de piégeage et l'inhibition de la peroxydation lipidique pour chacun des extraits ont également été déterminés. Les extraits se sont avérés avoir différents niveaux de propriétés antioxydantes dans les modèles de test utilisés. Tous les extraits ont fortement inhibé la peroxydation lipidique et ont également montré de faibles activités de piégeage des radicaux. Par conséquent, cette espèce pourrait être considérée comme une source antioxydante significative en termes de peroxydation lipidique. L'étude indique que ces extraits du mollusque *N. articulata* ont de bonnes activités antioxydantes qui peuvent être exploitées comme pistes pour des composés bioactifs potentiels.

Mots clés : *Nerita articulate*, activité antioxydante, radicaux libres, activité de piégeage, peroxydation lipidique.

INTRODUCTION

Les produits marins ou naturels aquatiques ont attiré l'attention des biologistes et des chimistes du monde entier au cours des cinq dernières décennies. En raison de leur potentiel de découverte de nouveaux médicaments, les produits aquatiques naturels ont attiré les scientifiques qui ont conduit à la découverte de milliers de produits d'origine aquatique à ce jour, et nombre de ces composés ont montré une activité biologique prometteuse. Les activités biologiques d'un extrait d'organismes marins ou de composés isolés sont catégorisées en termes d'activité antimicrobienne, antileishmanienne, anthelmintique, antipaludique, anti-inflammatoire, antioxydante, anticancéreuse et antiallergique (Anand, 2010 ; Malve, 2016). Les mollusques sont considérés comme l'une des sources importantes pour dériver des composés bioactifs qui présentent des activités antitumorales, antimicrobiennes, anti-inflammatoires et antioxydantes (Sole et al., 1994 ; Bhakuni et Rawat, 2005 ; Benkendorff et al., 2010). Les mollusques contiennent également de riches nutriments qui sont bénéfiques pour les personnes de tous âges. Dans notre corps, le processus d'oxydation conduit à des dommages cellulaires, au cancer et à des maladies dégénératives ; les molécules antioxydantes présentes dans différents mollusques empêchent les dommages cellulaires de la réaction d'oxydation (Nagash et al., 2010). Les composés isolés des mollusques ont également été utilisés dans le traitement de l'arthrite rhumatoïde et de l'ostéoarthrite (Chellaram et Edward, 2009). Les extraits de mollusques ont également présenté une activité antivirale et antibactérienne contre les bactéries pathogènes des poissons, et l'extrait peut également être appliqué en aquaculture (Defer et al., 2009).

Les mangroves sont documentées pour être parmi les écosystèmes les plus productifs du monde qui fournissent d'importantes zones de nurserie et d'alimentation pour les poissons juvéniles et les espèces invertébrées potentielles telles que les mollusques (Siraprapha et al., 2016). Les mollusques sont l'un des principaux macroinvertébrés qui jouent un rôle écologique important dans la dynamique des nutriments dans l'écosystème de mangrove, car ils constituent un lien important dans la chaîne alimentaire.

comme prédateurs, herbivores, détritivores et filtreurs. Ils sont des bio-indicateurs utiles de la pollution de l'environnement, en raison de leurs méthodes d'alimentation par filtration. *N. articulata* est le plus dominant et habite largement dans la zone de mangrove de l'estuaire de Kuantan.

Sur la base des perspectives ci-dessus, cette étude a été menée pour observer les propriétés antioxydantes des espèces de mollusques dominantes sélectionnées qui ont été trouvées en abondance près de la zone de mangrove estuarienne de Kuantan. L'étude avait pour but de déterminer les activités antioxydantes des extraits bruts *de Nerita* en utilisant différentes techniques (radical libre ou peroxydation lipidique) et d'analyser les aspects quantitatifs des activités antioxydantes dans les espèces de mollusques sélectionnées.

MÉTHODOLOGIE
Zone d'échantillonnage
La zone de mangrove de Kuantan est située près de la région estuarienne de la rivière Kuantan, avec une latitude de 3° 48' 20,63 °N et une latitude de 103° 20' 3,36 °E. Elle se trouve dans le district de Kuantan, à environ 2 kilomètres de la ville de Kuantan. La zone est entourée de 339 hectares de forêt de réserve de mangrove qui existe depuis plus de 500 ans. Cette zone d'étude est reconnue comme l'habitat d'une variété d'animaux comme les oiseaux, les poissons et d'autres invertébrés potentiels comme les gastéropodes, les arthropodes.

Fig 1 : Zone d'échantillonnage : Estuaire de la mangrove de Kuantan

Collecte d'échantillons

Les échantillons frais de l'espèce *Nerita* ont été collectés dans la zone de mangrove estuarienne, à Kuantan. Les échantillons ont été conservés dans un sac en plastique avant d'être stockés dans une chambre froide. Ensuite, le corps et la coquille ont été séparés, et l'étude des propriétés antioxydantes s'est concentrée sur la partie du corps de *Nerita* sp. Puis les échantillons ont été stockés à -20 °C jusqu'à l'extraction (Houssen et Jaspars, 2005 ; Bhakuni et Rawat, 2005). Le site

Les espèces ont été identifiées jusqu'au niveau du genre et renvoyées à la Taxonomie et distribution des Neritidae (Mollusques : Gastropoda) à Singapour discutée par Siong et Reuben, 2008 ; Bouchet et Rocroi, 2005).

Extraction par différents solvants

Les échantillons ont été extraits en fonction de leur polarité à l'aide d'eau et de solvants organiques. Les solvants sont l'eau, le dichlorométhane (DCM) : méthanol et les extractions au méthanol (Sies, 1997 ; Houssen et Jaspars, 2005 ; Bhakuni et Rawat, 2005). Les méthodes d'extraction détaillées ont été réalisées par différents solvants qui sont décrits comme suit :

Extraction de l'eau

Les échantillons ont été coupés en petits morceaux, et les poids des échantillons ont été enregistrés en conséquence. Ensuite, les échantillons (304,37 g) ont été ajoutés à 500 ml d'eau distillée et broyés à l'aide d'un mélangeur. Le mélange a été transféré dans une fiole conique et stocké dans une chambre froide (0 °C) pendant 24 heures. Ensuite, les échantillons ont été filtrés à l'aide d'un papier filtre Whatman n° 1, et les résidus/filtrats ont été recueillis pour l'extraction par solvant organique. L'extrait aqueux a été congelé dans un congélateur (-20 °C). Ensuite, les échantillons ont été lyophilisés, et l'extrait brut pour l'extraction aqueuse a été obtenu.

Dichlorométhane : Extraction au méthanol

Les échantillons ont été pesés (432,78 g) et ensuite immergés dans 500 ml de DCM : méthanol (1:1), mélangés et stockés pendant 24 heures à température ambiante. Ensuite, les échantillons trempés ont été filtrés, et les résidus/filtrats ont été recueillis pour l'extraction du méthanol. Les échantillons ont été séchés dans une hotte pour éliminer le solvant restant pendant 1-3 jours. L'extrait brut pour l'extraction DCM : méthanol a été obtenu et conservé au congélateur.

Extraction au méthanol

Les échantillons ont été pesés (391,51 g) et ajoutés à 500 ml de méthanol, puis mélangés. Après cela, l'échantillon a été conservé pendant 24 heures à température ambiante, filtré, et les extraits ont été évaporés en conséquence. Les échantillons ont été séchés dans une chambre à fumée pendant 1-3 jours. L'extrait brut pour l'extraction au méthanol a été obtenu et conservé au congélateur.

Dépistage des antioxydants
Criblage rapide par Dot-Blot et coloration DPPH

Le dépistage rapide des antioxydants fait référence à la méthode Dot-Blot et à la coloration DPPH avec une légère modification pour détecter les propriétés antioxydantes dans les échantillons séchés du congélateur. Les extraits bruts ont été dissous dans du méthanol avec une concentration de 10mg/ml. Les extraits et la vitamine C ont été prudemment chargés sur la couche TLC et séchés pendant 3 minutes. Ensuite, une solution de DPPH 0,4 mM a été pulvérisée sur la couche TLC. La couche TLC colorée a révélé un fond violet avec une tache blanche à l'emplacement des gouttes, ce qui montre la capacité de piégeage des radicaux (Soler-Rivas et al., 2000 ; Subhapradha et al., 2013).

Test quantitatif des antioxydants Test de piégeage des radicaux libres

L'activité de piégeage des radicaux DPPH des extraits des échantillons *N. articulata* a été déterminée en utilisant le protocole de Brand-William el al. (1995). Cités par dans Scopus (1464)L'activité de piégeage des radicaux libres de différents extraits a été évaluée. La solution de base de chaque extrait dissous dans le méthanol avec une concentration de 10 mg/mL a été préparée. La dilution sérielle a été effectuée en trois exemplaires dans des concentrations de 500, 250, 125, 62,5, 31,3, 15,6, 7,8 µg/mL à partir de la solution mère. Chaque extrait (100 µL) a été mélangé à 3,9 mL d'une solution fraîchement préparée contenant 25 mg/L de radicaux 1,1-diphényl-2-picrylhydrazyl (DPPH) dans du méthanol. L'absorbance a été mesurée par lumière UV à 515 nm 30 min plus tard. Le pourcentage d'activité de piégeage du DPPH a été calculé comme suit :

Activité de piégeage (%) = [1-(absorbance de l'échantillon/absorbance du blanc)] x 100

Une absorbance plus faible indique un effet de piégeage plus élevé. La valeur EC50 (mg/mL) est la concentration efficace à laquelle les radicaux DPPH ont été piégés à 50%. Les vitamines C et E ont été utilisées comme témoins positifs.

Méthode du thiocyanate ferrique (FTC)

La méthode FTC a été suivie telle qu'adoptée par Huang et al. (2005). Cette méthode a été légèrement modifiée dans cette étude. 4 mg d'extrait brut ont été dissous dans 4 mL d'éthanol à 95 % (p/v) et mélangés avec de l'acide linoléique (2,51 %, v/v) dans de l'éthanol à 99,5 % (p/v) (4,1 mL), 8 mL de tampon phosphate 0,05M pH 7,0 et 3,9 mL d'eau distillée. Le mélange a été conservé dans un récipient à bouchon à vis à $^{40\,0C}$ dans l'obscurité. 0,1 ml de ce mélange a été ajouté à 9,7 ml d'éthanol à 75% et 0,1 ml de thiocyanate d'ammonium à 30% (p/v). Précisément 3 minutes après l'addition de 0,1 mL de chlorure ferreux 20 mM dans de l'acide chlorhydrique à 3,5% (v/v) au mélange réactionnel, l'absorbance à 500 nm de la solution rouge résultante a été mesurée. Puis elle a été mesurée à nouveau toutes les 24 heures des jours suivants, lorsque l'absorbance du témoin a atteint la valeur maximale. Le pourcentage d'inhibition de la peroxydation de l'acide linoléique a été calculé comme suit :

Inhibition (%) =100 - [(augmentation de l'absorbance de l'échantillon/augmentation de l'absorbance du témoin) x 100] Tous les tests ont été effectués en triplicata et la vitamine E a servi de témoin positif.

Analyse descriptive

Toutes les expériences ont été réalisées en triplicata. Les résultats ont été présentés en moyenne ± l'écart-type. Cette analyse était une statistique descriptive. Quant aux données et aux graphiques, ils ont été soumis à des analyses utilisant Microsoft® Office Excel 2007 et ANOVA.

RÉSULTATS ET DISCUSSION
Identification de l'échantillon

Cet escargot en costume rayé est communément observé dans les mangroves, souvent en grand nombre. On peut également l'observer sur les rivages rocheux, en particulier ceux situés à proximité des mangroves. Tan et Clements (2008) ont observé cet escargot sur les troncs et les racines des palétuviers, les parois des canaux de mousson, les berges boueuses et les zones rocheuses dans ou près des mangroves. Il était également connu sous le nom de *N. lineata*. La taille de cette espèce était de 2 à 3 cm et sa coquille était robuste et arrondie. La couleur de cette espèce était beige, grise ou rosâtre avec de fines côtes noires en spirale. La face inférieure plate de la coquille était blanche, parfois avec des taches jaunes. Il y avait de petites dents à l'ouverture de la coquille. L'opercule était uniformément recouvert de petites bosses. L'animal avait de fines lignes noires et de longs et minces tentacules noirs. Il broutait des algues et semblait retourner au même endroit après un repas. Selon Tan & Clements (2008), la Nérite doublée était probablement la plus largement distribuée. Cette espèce était la plus abondante dans les canaux de mousson, les murs et les arbres de mangrove, se comptant parfois par centaines dans un seul endroit. Le tableau ci-dessous décrit l'image et la morphologie de l'espèce. Le gastéropode le plus dominant dans la zone de mangrove de Kuantan a été identifié morphologiquement comme suit (Tableau 1 et Figure 2) :

Phylum	Mollusque
Classe	Gastropoda
Ordre	Neritopsina
Famille	Neritidae
Genre	*Nerita*
Espèce	*Nerita articulata*

N. articulata	Caractéristiques
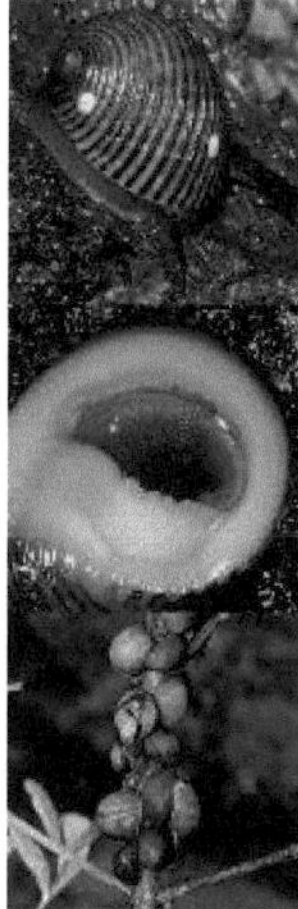	- Coque robuste et arrondie - Couleur : beige, gris ou rosé avec de fines côtes noires en spirale. - Taille : 2-3cm - - petites dents à l'ouverture de la coquille Habitat : communément observé sur une mangrove ; troncs et racines des arbres de la mangrove, trous d'arbres, murs des canaux de mousson, berges boueuses, zones rocheuses dans ou près des mangroves.

Fig. 2 : Les caractéristiques de la *N. articulata*

Extraction de l'échantillon

La sélection d'une procédure d'extraction appropriée pourrait augmenter le rendement des composés antioxydants par rapport au matériel végétal. Plusieurs techniques d'extraction ont été brevetées en utilisant des solvants de polarité différente (comme l'essence, l'éther, l'hexane, le toluène, l'acétone, le méthanol et l'éthanol) ainsi que les techniques de dosage et le substrat utilisés (Mayer & Hamann, 2005). Les composés bioactifs ont été extraits en fonction de leur polarité en utilisant de l'eau et des solvants organiques. Les méthodes d'extraction appliquées étaient l'extraction à l'eau, l'extraction au dichlorométhane (DCM) : méthanol et l'extraction au méthanol (Houssen & Jaspars, 2005 ; Tinu et al., 2019).

Tableau 2 : Poids de l'échantillon extrait en utilisant différents solvants

Méthode	Poids du corps du mollusque avant extraction (g)	Poids de l'extraction brute après séchage (g)	Rendement (%)	Observation des extraits
Extraction de l'eau	304.73	12.69	4.16	Couleur gris clair, sous forme de poudre
Extraction au méthanol	391.51	9.70	2.48	Couleur brun foncé, forme collante
Dichlorométhane : Méthanol Extraction	432.78	2.03	0.47	Couleur vert foncé, collant formulaire

Techniquement, le solvant a extrait le composé biologique en raison de sa polarité. Par conséquent, les différents composés bioactifs ont été extraits dans chaque extraction. Le tableau 2 montre le poids de l'extrait brut pour chacun des solvants. Le composé biologique a été le plus extrait en utilisant l'eau comme solvant. L'eau est généralement connue comme le solvant universel. D'après le résultat, cela pourrait indiquer que les constituants moléculaires de l'espèce étaient plus solubles dans le solvant polaire. Cependant, une solution qui a été extraite par l'eau ne signifie pas qu'elle a les meilleures propriétés antioxydantes, car elle n'a été déterminée que par trois méthodes distinctes : dot-blot, méthode d'activité de piégeage et thiocyanate ferrique (FTC).

Dépistage des antioxydants
Dépistage rapide des antioxydants par Dot-Blot et coloration DPPH
Le criblage rapide des antioxydants à l'aide de la méthode Dot-Blot et de la coloration DPPH a été décrit par Soler- Rivas et al. (2000) avec une légère modification. La méthode Dot-Blot et coloration DPPH est la première méthode qui a été utilisée pour cribler les propriétés antioxydantes dans cette étude. Différents types d'extraction par solvant avec une concentration de 10 mg/ml ont été placés sur la plaque TLC, et les propriétés antioxydantes ont été détectées après coloration DPPH. L'apparition de taches blanches indique la présence d'antioxydants de différents extraits d'échantillons dans le dot blot (Huang et al., 2005). Cette méthode était basée sur l'inhibition de l'accumulation de composés oxydés puisque l'ajout d'antioxydants inhibe la génération de radicaux libres.

La vitamine C a été utilisée comme contrôle pour cette expérience. Tous les extraits ont montré un résultat positif, mais ils étaient légèrement différents dans leur intensité. L'intensité de la couleur blanche/jaune dépendait de la quantité et de la nature du capteur de radicaux présent dans l'extrait (Rahman et al., 2015). Une tache blanche/jaune est apparue dans les extraits de méthanol et DCM : Méthanol, ce qui indique que ces échantillons ont extrait une intensité élevée des composés antioxydants. Cependant, la faible intensité des composés antioxydants avait été extraite en utilisant l'eau comme solvant (tableau 3).

Test quantitatif
Activité de piégeage des radicaux libres
Cette méthode, actuellement populaire, est basée sur l'utilisation du radical libre stable diphénylpicrylhydrazyl (DPPH). Le but de cette étude était d'évaluer les effets de piégeage des extraits de *N. articulata*, à partir de différents solvants d'extraction, de connaître les bases de la méthode et également de comprendre l'utilisation du paramètre "EC50" (concentration équivalente pour donner

50% d'effet) qui était actuellement utilisé dans l'interprétation des données expérimentales de la méthode.

Le 2, 2-Diphényl-1-picrylhydrazyl a été caractérisé comme un radical libre par la délocalisation de l'électron libre sur l'ensemble de la molécule, de sorte que les molécules ne se dimérisent pas, comme ce serait le cas avec la plupart des autres radicaux libres. La délocalisation a également donné naissance à la couleur violet foncé, caractérisée par une bande d'absorption dans une solution de méthanol centrée à environ 515 nm (Molyneux, 2004). Lorsqu'une solution de DPPH est mélangée à celle d'une substance qui peut donner un atome d'hydrogène, on obtient la forme réduite avec la perte de cette couleur violette. Cette condition indique que le radical DPPH est piégé par les antioxydants par le biais du don d'hydrogène, formant ainsi le DPPH-H réduit.

Tableau 3 : Activités antioxydantes de différents extraits de *N. articulate*.

Activité de piégeage (%) = [1-(absorbance de l'échantillon/absorbance du blanc)] x 100			
Concentration (µL)	Extrait d'eau (±SD)	Extrait de méthanol (±SD)	Extrait DCM/Méthanol (±SD)
1000	4.4829 ± 0.013	6.5104 ± 0.044	7.6198 ± 0.085
500	4.2969 ± 0.008	4.9665 ± 0.017	5.2141 ± 0.028
250	3.7016 ± 0.005	4.9200 ± 0.007	3.0187 ± 0.008
125	4.3527 ± 0.005	5.0223 ± 0.024	2.4058 ± 0.024
62.5	4.1388 ± 0.01	6.9289 ± 0.038	8.9645 ± 0.044
31.3	4.5480 ± 0.008	5.6176 ± 0.021	6.1288 ± 0.055
15.6	4.3992 ± 0.01	8.2682 ± 0.059	5.4336 ± 0.044
7.8	9.0681 ± 0.063	7.4498 ± 0.036	4.2444 ± 0.022

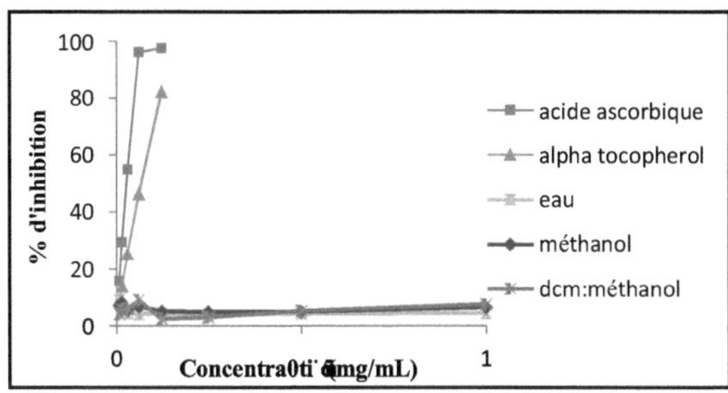

Fig. 3 : Pourcentage d'inhibition qui indique la CI50 pour l'acide ascorbique, l'alpha-tocophérol, l'extrait aqueux, l'extrait méthanolique et l'extrait dichlorométhane : méthanol.

Le tableau 3 montre les activités antioxydantes de différents extraits de solvant de *N. articulata*. Les extraits d'échantillons (10 mg), avec différents solvants, ont réagi avec le radical libre DPPH. Tous les échantillons ont montré une faible activité antioxydante (2,4058-9,0681%). Aucun des échantillons n'a dépassé 10% d'activités de piégeage antioxydantes, ce qui indique que les activités de piégeage antioxydantes de *N. articulata* étaient déficientes. De plus, la concentration pour trois échantillons ne peut pas être déterminée puisque le graphique de la figure 3 ne montait pas à 50% de l'inhibition.

Selon Manduzio et al. (2005) sur le stress oxydatif chez les mollusques, le niveau de malondialdéhyde (MDA) a augmenté de 4,48 ± 0,24 nmol/mg à 7,58 ± 0,38 nmol/mg après une anoxie de 168 heures. Dans la cellule de la glande digestive, le niveau de MDA a augmenté plus de trois fois (de 2,7 ± 0,14 nmol/mg à 8,48 ± 0,43 nmol/mg). Cette statistique a montré que le niveau de peroxydation lipidique était presque le même chez *Nerita articulate*.

De nombreuses méthodes et modifications ont été proposées pour évaluer l'activité antioxydante et pour expliquer le fonctionnement des antioxydants. Parmi celles-ci, le test DPPH, le pouvoir réducteur, le test de chélation des ions métalliques et le test d'extinction des espèces actives de l'oxygène sont les plus couramment utilisés pour l'évaluation des activités antioxydantes des extraits (Nadezhda, 2008). Le maximum d'absorption d'un radical DPPH stable dans le méthanol était à 517 nm. La diminution de l'absorbance du radical DPPH causée par les antioxydants, en raison de la réaction entre les molécules antioxydantes et le radical, progresse, ce qui entraîne le piégeage du radical par don d'hydrogène. Cette réaction est visuellement perceptible comme une décoloration du violet au jaune.

Test au thiocyanate ferrique (FTC)
Le test au thiocyanate ferrique (FTC) a déterminé la quantité de peroxyde produite au cours des étapes initiales de l'oxydation, qui sont les produits primaires de l'oxydation, et il représente la condition *in vivo*. Par rapport au test DPPH, le radical libre DPPH était des radicaux synthétiques ou des radicaux *in vitro*, ce qui signifie qu'il n'existait pas dans le corps humain. Ce test était significatif car il représentait ce qui se passait dans le corps humain. Les extraits bruts qui présentaient un caractère de piégeur de radicaux libres antioxydant ne signifiaient pas qu'ils fonctionneraient correctement dans le corps humain. Il était possible que les composés deviennent pro-oxydants après avoir piégé les radicaux. L'état pro-oxydant est celui où l'antioxydant lui-même devient un radical libre et provoque directement la propagation de la réaction en chaîne. Si l'inhibition du brut était élevée dans ce test FTC, le composé pouvait être considéré comme sûr à consommer.

Le mélange réactionnel d'acide linoléique, d'éthanol, de tampon phosphate et d'antioxydant (échantillon et standard) a été incubé à 40 °C, et l'indice de peroxyde a été mesuré par l'absorbance à 500 nm après réaction entre FeCl3 et thiocyanate. Dans ce test, l'acide linoléique (RCOOH) a été réduit par Fe2+ en radical libre (RO-), tandis que l'ion ferreux lui-même subit le processus d'oxydation en Fe3+. Ensuite, l'ion Fe3+ réagit avec l'ion thiocyanate (SCN)⁻ pour donner le complexe Fe(SCN)$_3$ sous forme de couleur rouge vif. L'intensité de l'absorbance du complexe Fe(SCN)$_3$ a été mesurée par spectrophotomètre. Les faibles valeurs d'absorbance correspondant à un pourcentage élevé d'inhibition indiquent donc que l'échantillon peut inhiber la peroxydation lipidique. Les faibles valeurs d'absorbance correspondant à un pourcentage élevé d'inhibition, indiquent donc que l'échantillon pourrait inhiber la peroxydation lipidique (Deny et al., 2006).

Les effets antioxydants de l'extrait de l'espèce *Nerita* et de la vitamine E sur la peroxydation de l'acide linoléique ont été étudiés, et les résultats ont été présentés dans le tableau 3 et la figure 4.

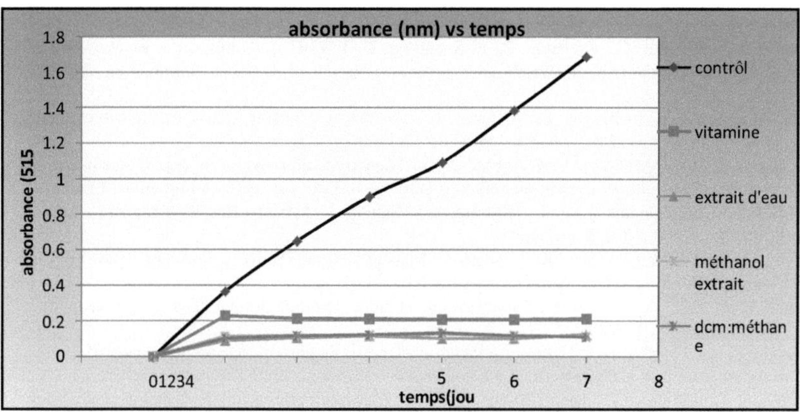

Figure 4 : Absorbance des extraits à une concentration de 4 mg/mL selon la méthode FTC. Les résultats sont des mesures en double

Les plages d'absorbance enregistrées pour l'échantillon, la vitamine E et le contrôle étaient de $0,0629 \pm 0,003$ - $0,1269 \pm 0,001$,
$0,000$ - $2,113$ et $0,1692 \pm 0,001$ - $0,2084 \pm 0,002$, respectivement. D'après le graphique, l'absorbance de tous les échantillons a augmenté avec le temps. Le test a été arrêté après la réduction de l'absorbance. Le graphique montre une forte inhibition de la peroxydation lipidique par les extraits de l'échantillon *Nerita*. Le graphique de l'échantillon était en dessous de celui de la vitamine E, ce qui signifie que l'échantillon avait une plus forte inhibition que la vitamine E.
E. De plus, le pourcentage d'inhibition de tous les extraits bruts était proche, voire inférieur, au graphique de la vitamine E, ce qui signifie que les échantillons contenaient un puissant inhibiteur de la peroxydation lipidique (Figure 4).

Chaque extrait a montré une forte activité antioxydante dans l'inhibition de la peroxydation de l'acide linoléique à une concentration de 4 mg/ml, par rapport au contrôle ($p < 0,05$), et a prolongé de manière significative la période d'induction de l'auto-oxydation de l'acide linoléique. D'après les résultats de la FTC, le pourcentage d'inhibition de la peroxydation de l'acide linoléique par 10 mg d'extraits d'eau, de méthanol et de DCM : méthanol s'est révélé être de $92,66 \pm 0,02$ %,
$93,19 \pm 0,003$ % et $93,4932 \pm 0,007$ % respectivement au bout de huit jours d'essai. Ces valeurs étaient significativement ($p < 0,05$) supérieures à celles présentées par 1 mg d'α-tocophérol (87,5 %). Un rapport similaire de Xiu et al. (2019), a révélé que l'extrait de mollusque, *Tergillarca granosa* inhibe fortement la peroxydation lipidique également.

CONCLUSION
D'après les résultats de cette étude, *N. articulata* a une activité antioxydante significative. Les données sur les procédures d'extraction et l'évaluation de l'activité antioxydante obtenues à partir des extraits DCM : méthanol, méthanol et eau, ont suggéré que *N. articulata* est une source prometteuse pour isoler les composés antioxydants naturels. Il peut être conclu que tous les extraits peuvent être utilisés comme une source accessible d'antioxydants naturels avec des avantages conséquents pour la santé. Néanmoins, il est suggéré de mener d'autres études pour s'assurer des propriétés médicinales des

gastéropodes ainsi que d'autres bioactivités telles que l'activité anti-inflammatoire, cytotoxique, anticancéreuse, antipaludéenne, analgésique, antiallergique et antihypertensive.

RÉFÉRENCES

Anand, P.T., Chellaram, C., Kumaran, R. et Shanthini, C. F. (2010). Composition biochimique et activité antioxydante de la *viande de Pleuroploca trapezium*. J. Chem. Pharm. Res., 2 : 526-535.

Brand-Williams, W., Cuvelier, M. E., et Berset, C. (1995) Use of a free radical method to evaluate antioxidant activity. *LWT-Food* Science and Technology. 28(1) : 25–30.

Benkendorff, K., C.M. McIver et C.A. Abbott (2011). Bioactivité du remède homéopathique murex et d'extraits d'un molluks murcid australien contre les cellules cancéreuses humaines. Evidence-Based Complementary and Alternative Medicine, Article ID 879585, 12 pages. https://doi.org/10.1093/ecam/nep042

Bhakuni, D. S. et Rawat, D. S. (2005). Bioactive Marine Natural Products. Springer, New York et Anamaya Publishers, New Delhi, Inde. p 26-63.

Bouchet, P. & J.-P. Rocroi (2005). Classification et nomenclature des familles de gastéropodes. Malacologia 47 : 1-397.

Chellaram, C. et Edward. J. K. P. (2009). Actifs antinociceptifs du gastéropode associé au corail, *Drupa margaríticola*. Int. J. Pharmacol., 5 : 236-239.

Defer, D., N. Bourgnon et Y. Fleury (2009). Recherche d'activités antibactériennes et antivirales chez trois mollusques marins bivalves et deux gastéropodes. Aquaculture. 293 : 1-7.

Deny Susanti, Hasnah M. Sirat, Farediah Ahmad, Rasadah Mat Ali, Norio Aimi, Mariko Kitajima (2007). Flavonoïdes antioxydants et cytotoxiques des fleurs de Melastoma malabathricum L. Food Chem. 107(3) 710-716

Houssen, W. E. et Jaspars, M. (2005). Natural Products Isolation, Second Edition, Methods in Biotechnology, Humana Press, 20, 353-390.

Huang, D. J., Chen, H. J., Lin, C. D. &Lin, Y. H. (2005). Activités antioxydantes et antiprolifératives des constituants de l'épinard d'eau (Ipomoea aquatic Forsk). *Bot. Bull. Acad. Sin.* 46, 99-106.

Malve, H (2016). Explorer l'océan pour le développement de nouveaux médicaments : la pharmacologie marine. J. Pharm.

Bioallied Sci. 8(2) : 83-91. Doi : 10.4103/0975-7406.171700

Molyneux, P. (2004). L'utilisation du radical libre stable diphénylpicrylhydrazyl (DPPH) pour estimer l'activité antioxydante. Songklanakarin. *J. Sci. Technol.* 26, 211-219.

Xiu, R. Y., Yi, . Q., Yu, Q. Z., Chang, F. C. et Wang, B. (2019). Purification et caractérisation du peptide antioxydant dérivé de l'hydrolysat de protéines du mollusque bivalve marin Tergillarca granosa. Mars Drugs. 17(5), 251-266.

Nagash, Y.S., R.A Nazeer, et N.S. Sampath Kumar (2010). Activité antioxydante in vitro d'extraits de solvant de mollusques (Loligo duvauceli et Donax strateus) de l'Inde. World J. Fish. Mar. Sci., 2 : 240-245. Rahman, M. M., Islam, M. B., Biswas, M. et Alam, A. H. M. K. (2015). Activité antioxydante et piégeage des radicaux libres in vitro de différentes parties de Tabebuia pallida poussant au Bangladesh. BMC Res.

Notes. 8 : 621. DOI 10.1186/s13104-015-1618-6

Siraprapha, P., Soranan, W. et Pobporn, T. (2016). Faune mollusque dans l'estuaire de la mangrove de Bang Taboon, golfe intérieur de la Thaïlande : Implications pour la conservation et l'utilisation durable des ressources côtières : p. 1-.

5. MATEC Web of Conferences. CCBS 2016.

Sies H (1997). Stress oxydatif : oxydants et antioxydants. *Exp Physiol* 82 (2) : 291-295.

Siong Kiat Tan et Reuben Clements (2008) Taxonomy and distribution of the Neritidae (Mollusca : Gastropoda) in Singapore. Zoological Studies 47(4) : 481-494.

Soler-Rivas, C., Espin, J.C. et H.J. Wichers (2000). An easy and fast test to compare total free radical scavenger capacity of foodstuffs. *Phytochem. Anal.* 11, 330-338.

Solé, M., Porte, C., Albaigés, J. (1994) Mixed function oxygenase system components and antioxidant enzymes in different marine bivalves : its relation with contaminant body burdens. Aquat Toxicol 30:271-283

Tan, S. K. et Clements, R. (2008) Taxonomie et distribution des neritidae (Mollusca : Gastropoda) à Singapour.

Tinu, Odeleye, William Lindsey et White, Jun Lu (2019). Techniques d'extraction et avantages potentiels pour la santé des composés bioactifs des mollusques marins : une revue. Journal of Food Function. 22:10(5):2278-2289.

Subhapradha, N., Ramasamy, P., Sudharsan, S., Seedevi, P., Moovendhan, M., Dharmadurai, D., Vasanth Kumar, S., Vairamani, S. et Shanmugam, A. (2013) Potentiel antioxydant de l'extrait méthanolique brut du tissu du corps entier de *Bursa spinosa*. Actes de la conférence nationale-USSE- 2013, TBML College, Porayar-609307, Nagai-Dt, Tamil Nadu, Inde du Sud. 163-167.

Bactéries résistantes aux métaux lourds provenant des sédiments marins de Pantai Balok, Pahang, Malaisie

Munira Haniff1, Zaima Azira Zainal Abidin1*.

1Département de biotechnologie, Kulliyyah des sciences, Université islamique internationale de Malaisie.

**Auteur correspondant : zzaima@iium.edu.my*

RÉSUMÉ

La pollution par les métaux lourds, en particulier dans les eaux côtières, est devenue un sujet de préoccupation internationale. La pollution par les métaux lourds n'affecte pas seulement la qualité de l'eau et du sol, mais aussi les animaux et les plantes ainsi que les micro-organismes qui habitent la zone côtière. Cette étude a pour but d'isoler les bactéries résistantes aux métaux lourds dans les sédiments marins de Pantai Balok afin d'évaluer l'éventuelle pollution aux métaux lourds présente dans cette zone et de trouver des candidats potentiels pour la biorémédiation. Un total de 33 isolats a été obtenu et soumis à un test de résistance aux métaux lourds en utilisant les métaux lourds suivants : chrome (Cr), nickel (Ni), cuivre (Cu), cobalt (Co), cadmium (Cd). Les résultats ont révélé que presque tous les isolats ont montré une haute tolérance au Cr, Ni, Co et Cu mais une faible tolérance au Cd. Le profil de résistance aux métaux lourds associés à Pantai Balok était dans l'ordre suivant : Cr > Ni > Co > Cu > Cd. Cinq isolats, à savoir PB1, PB9, PB17, PB18 et PB 33, présentaient une forte résistance aux métaux lourds et leur identité a été déterminée par le séquençage du gène de l'ARNr 16S. L'isolat PB1 était étroitement lié à *Stenotrophomonas maltophilia* (99%) et l'isolat PB9 à *Staphylococcus pasteuri* (98%). Les isolats PB17 et PB18 étaient très similaires à *Bacillus pumilus* (99%) et *Bacillus sp.* (99%) respectivement alors que PB33 est *Pseudomonas aeruginosa* (99%). La présence de bactéries résistantes aux métaux lourds peut indiquer l'existence d'une pollution aux métaux lourds dans les eaux côtières de Pahang et peut constituer un risque potentiel pour la santé du public.

Mots clés : Bactéries résistantes aux métaux lourds, sédiments marins, gène de l'ARNr 16S.

INTRODUCTION

L'expansion des activités d'urbanisation de nos jours a fait de la zone côtière une zone insalubre où de nombreux produits chimiques tels que les métaux lourds et les pesticides ont été utilisés et rejetés dans la zone côtière. Les métaux lourds sont l'une des principales sources de pollution environnementale en raison de leur rejet dans l'environnement par un grand nombre d'activités industrielles telles que le traitement des métaux, l'exploitation minière et autres (Yang et al. 2018 ; Yamina et al. 2012). Le métal lourd est tout métal ou métalloïde préoccupant pour l'environnement qui possède également des éléments chimiques toxiques et leurs composés chimiques déviés. Il présente des critères de densité allant de plus de 3,5 g/cm3 à plus de 7 g/cm3 (Nies 1999). Néanmoins, il est toujours indéniable que certains de ces métaux lourds sont nécessaires à la vie, comme le cuivre, le fer et le zinc. En revanche, d'autres métaux lourds comme l'arsenic, le cadmium, le mercure et l'argent n'ont aucun rôle biologique dans les organismes, et ils sont nocifs même à de très faibles concentrations (Alam et al. 2011). Dans un environnement aquatique, les métaux lourds ont tendance à s'accumuler dans les sédiments. Lorsque les métaux lourds sont rapidement rejetés dans l'environnement, ils s'associent aux particules et finissent par se déposer au fond des sédiments (Chapman et al. 1998). En outre, la pollution par les métaux lourds dans l'environnement marin devient une préoccupation en raison de sa capacité à s'accumuler dans la chaîne alimentaire. En outre, de nombreuses activités humaines ont entraîné l'accrétion de métaux dans l'environnement et finalement sont accumulés à travers la chaîne alimentaire et conduisent à de graves problèmes sanitaires et écologiques (Mohammadi et al. 2019 ; Vareda et al. 2019 ; Hou et al. 2018 ; Deng et Wang 2012).

Les micro-organismes sont très sensibles à de faibles concentrations de métaux lourds, cependant, en raison de certaines conditions d'habitat spécifiques, ils peuvent rapidement essayer de s'adapter à ces changements et devenir résistants à des teneurs élevées en métaux lourds (Nithya et Pandian, 2009). Les micro-organismes réagissent aux métaux lourds par diverses opérations, notamment le transport à travers la membrane cellulaire, la biosorption sur les parois cellulaires et le piégeage dans les tissus extracellulaires.

capsules, précipitation, complexation, réactions d'oxydoréduction, production de cultures extracellulaires, séquestration intracellulaire, pompes d'efflux de métaux et biominéralisation (Álvarez et al. 2013 ; Schütze et Kothe 2012). La capacité des microorganismes à survivre et à se reproduire dans un habitat contaminé par les métaux dépend de l'adaptation génétique ou physiologique, car la résistance aux métaux lourds des bactéries est généralement codée par des gènes ou des plasmides et des transposons, et ils peuvent être régulièrement transférés de manière intergénérationnelle et interspécifique de la microflore in situ à la microflore indigène (Malik et Aleem 2011). Parmi les exemples de gènes de résistance aux métaux lourds (MRG), citons les gènes de résistance au cuivre (*copA*, *copB*, *pcoA*, *pcoC* et *pcoD*), les gènes de résistance à l'arsenic (*arsB* et *arsC*), les gènes de résistance au nickel, au plomb et au chrome (respectivement *nccA*, *pbrT* et *chrB*) (Chen et al. 2019).

Pantai Balok est une plage célèbre située en mer de Chine méridionale et est considérée comme l'une des attractions touristiques de Pahang, aux côtés de Teluk Chempedak et Pantai Batu Hitam. Cependant, il a été souligné que la zone côtière était polluée par le déversement de déchets et mal surveillée. Les activités anthropiques telles que l'utilisation des terres pour le développement de la zone côtière, les effluents domestiques et industriels non traités, les incidents de déversement d'hydrocarbures ou le rejet illégal d'effluents pétroliers peuvent contribuer à la pollution marine du littoral de l'État de Pahang. Le statut des bactéries résistantes aux métaux lourds dans les sédiments de Pantai Balok est relativement inconnu car aucune étude n'a été menée dans cette zone. Par conséquent, cette étude fournit un aperçu des bactéries résistantes aux métaux lourds présentes dans les sédiments marins de Pantai Balok. De plus, l'identification des bactéries résistantes aux métaux lourds peut être utilisée comme indicateurs biologiques de la contamination par les métaux lourds et comme candidats pour des applications de biorémédiation dans le futur.

MATÉRIAUX ET MÉTHODES
Collecte d'échantillons de sédiments
Des échantillons de sédiments marins ont été collectés à l'aide d'une benne Ponar dans la zone de la plage de Balok à trois stations différentes, à savoir la station 1, la station 2 et la station 3. Le tableau 1 décrit les coordonnées, la profondeur et le pH de la zone d'échantillonnage. Chacune des stations était située à 30 m de distance l'une de l'autre. Tous les échantillons de sédiments collectés ont été transférés dans un sac en plastique polyéthylène stérilisé et traités immédiatement.

Tableau 2.1 : Station d'échantillonnage et coordonnées de la zone de Pantai Balok

Localisation	Coordonnées	Profondeur	pH
Station 1	N 03 '55.768 E 103' 23.395	4.2 m	6.9
Station 2	N 03'56.115 E 103'23.536	3.4 m	6.0
Station 3	N 03'56.397 E 103'23. 660	3.4 m	6.6

Isolement de bactéries à partir d'échantillons de sédiments marins
Les bactéries des échantillons de sédiments ont été isolées en utilisant la technique de la plaque d'étalement (Zainal Abidin et al. 2018). Un gramme d'échantillons de sédiments a été mélangé avec 10 ml de solution saline. Ensuite, les échantillons homogénéisés ont été dilués en série (10-2 à 10-5) et 100 µl de chaque dilution ont été plaqués sur la gélose nutritive en double exemplaire. Les échantillons

ensemencés ont ensuite été incubés pendant 48 heures à 37°C. Après incubation, les colonies respectives ont été purifiées sur un milieu d'agar nutritif. Une coloration de Gram a été effectuée sur tous les isolats et leurs caractéristiques morphologiques ont été enregistrées.

Test de résistance aux métaux lourds
La résistance aux métaux lourds des souches bactériennes obtenues a été déterminée à l'aide de la gélose Mueller Hinton complétée par diverses concentrations de cinq métaux lourds différents ($Cd2+$, $Cu2+$, $Cd2+$, $Co2+$, $Ni2+$) sous forme de sels de chlorure. La concentration initiale des métaux lourds était de 20 µg/ml et la concentration des métaux lourds a été progressivement augmentée à 10 µg/ml jusqu'à ce que les isolats ne se développent plus. La concentration minimale inhibitrice (CMI) a été notée lorsque les isolats ne se développent pas sur les plaques même après un maximum de 5 jours d'incubation. Le test a été réalisé en double.

Amplification par réaction en chaîne par polymérase (PCR) du gène de l'ARNr 16S
Les isolats présentant une capacité de résistance aux métaux lourds ont été soumis à une identification moléculaire en utilisant la séquence du gène de l'ARNr 16S. L'ADN génomique des isolats a été extrait à l'aide du kit d'extraction d'ADN bactérien GF-1 (Vivantis) en suivant les protocoles du fabricant. L'amplification par PCR du gène de l'ARNr 16S a été réalisée en utilisant le jeu d'amorces suivant : 27F 5′-AGAGTTTGATCCTCTCAG-3′ et 1492R 5′- GGTTACCTTGTTACGACTT-3′. Les réactions PCR ont été réalisées dans un volume final de 50 µl qui se compose de 200 ng de matrice d'ADN, 25 µl de MyTaq™ Mix 2X (Bioline, UK) et 0,4 µM d'amorces dans les conditions suivantes : dénaturation initiale à 94°C pendant 5 min, suivie de 30 cycles de 94°C pendant 30 s, 55°C pendant 60 s et 72°C pendant 4 min ; et étape d'extension à 72°C pendant 10 min. Les produits d'amplification ont été confirmés à l'aide d'un gel d'agarose à 1% et envoyés au [1st] Base Laboratory, Malaisie, pour purification et séquençage. Les séquences résultantes du gène de l'ARNr 16S ont été vérifiées manuellement et éditées en utilisant l'éditeur d'alignement de séquences BioEdit. L'analyse des séquences nucléotidiques partielles des isolats a été effectuée à l'aide de l'outil de recherche GenBank BLASTn.

RÉSULTATS ET DISCUSSION
Au total, 33 isolats ont été obtenus à partir de 3 points d'échantillonnage et la majorité (~75%) des isolats appartenaient à des bactéries Gram négatives (Tableau 2). La plupart des colonies bactériennes étaient de couleur blanche et crème, mais quelques isolats présentaient d'autres couleurs comme la pêche, le jaune et l'orange. La morphologie des colonies et la coloration de Gram des isolats représentatifs de chaque point d'échantillonnage sont illustrées dans les Figures 1-3.

Tableau 2.2 : Distribution des bactéries Gram positives et Gram négatives selon les points d'échantillonnage

Localisation	Bactéries à Gram positif	Bactéries à Gram négatif
Point 1	10	3
Point 2	9	3
Point 3	6	2
Total	**25**	**8**

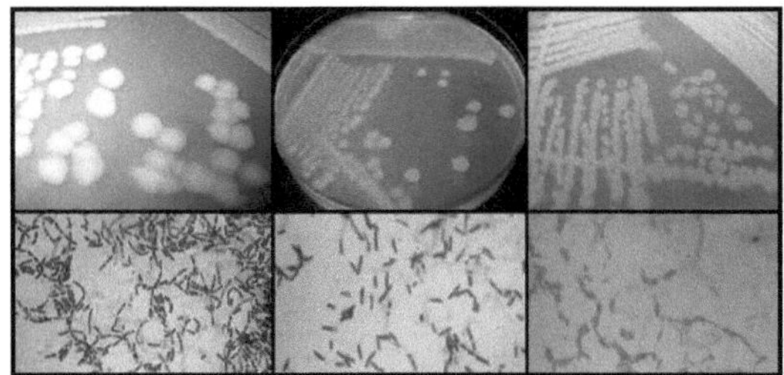

Fig. 1 : Isolats représentatifs du point 1

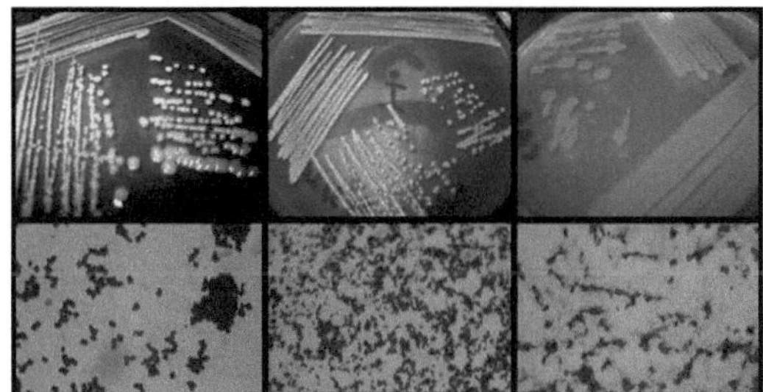

Fig. 2 : Isolats représentatifs du point 2

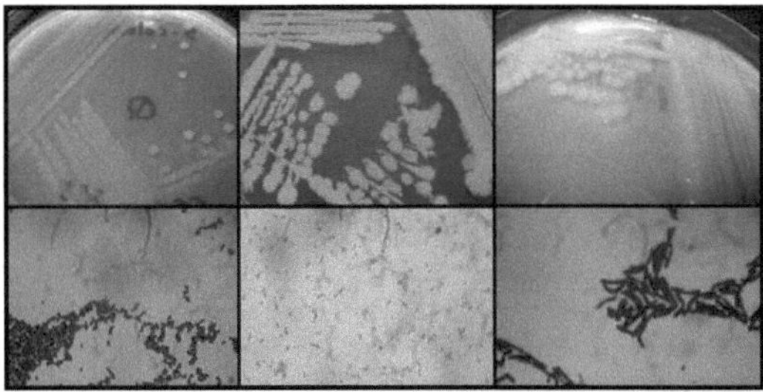

Fig. 3 Isolats représentatifs du Point 3

Dans cette étude, on a constaté que tous les isolats avaient une CMI > 450 µg/ml pour le Cr, ce qui indique que ces bactéries possèdent une forte tolérance au Cr (Tableau 3). Quelques études ont démontré que certaines des bactéries isolées peuvent éventuellement tolérer une concentration de Cr allant jusqu'à 1 000 µg/ml (Sair et Khan 2017 ; Yamina et al. 2012). En ce qui concerne Ni, presque tous les isolats ont montré une CMI > 450 µg/ml, à l'exception de PB5 et PB24, pour lesquels la CMI des deux isolats était de 450 µg/ml. Deux tiers des isolats ont montré des CMI > 450 µg/ml pour le Co alors que les CMI pour le reste des isolats étaient dans la gamme de 200 - 400 µg/ml. La majorité des isolats (72,7%) ont enregistré des CMI > 450 µg/ml pour le Cu tandis que les autres étaient dans la gamme de 100 - 400 μg/ml. Les bactéries résistantes aux métaux lourds sont considérées comme des indicateurs biologiques de la contamination par les métaux lourds dans un endroit particulier. De plus, ces bactéries contribuent potentiellement au cycle biogéochimique des métaux lourds dans l'environnement. La tolérance élevée à Cr, Ni, Cu et Co par la majorité des isolats bactériens peut suggérer la possibilité d'une contamination par ces métaux lourds à Pantai Balok. Le fait que la zone industrielle de Gebeng soit située à quelques kilomètres de Pantai Balok peut également être un facteur contribuant à cette observation. La résistance inhabituelle au Cr peut être liée à la contamination par le Cr dans cette zone particulière. Le Cr est largement utilisé dans l'industrie pour le placage, l'alliage, le tannage des peaux animales, les teintures textiles et les mordants et ces activités ont par conséquent conduit à une contamination environnementale accrue du Cr (Oliveira 2012).La présence de Ni dans les sédiments marins de Pantai Balok peut être liée aux effluents industriels, à l'épandage d'engrais, à l'irrigation des eaux usées et aux boues d'épuration. La présence de Ni dans les sédiments marins de Pantai Balok peut être liée à des effluents industriels, à l'épandage d'engrais, à l'irrigation par les eaux usées et aux boues d'épuration. La pollution au cobalt peut être attribuée à l'émission de composés de cobalt pendant la combustion de la houille et des industries pétrolières, pétrochimiques, métallurgiques et céramiques, ce qui entraîne une accumulation importante de cobalt dans les sédiments marins (Kosiorek et Wyszkowski 2019). La contamination par le cuivre est généralement due à l'application d'intrants agricoles.

que le Cu est un micronutriment essentiel important pour la croissance des plantes, notamment pour la résistance aux maladies et la production de graines (Wuana et Okiemen 2011). Les résultats obtenus dans cette étude indiquent également que ces bactéries sont capables de résister à plusieurs métaux lourds. Les bactéries résistantes à un métal lourd particulier peuvent également acquérir une résistance à d'autres métaux lourds. Auparavant, les bactéries résistantes au Cr (VI) provenant de sites fortement contaminés par le Cr (VI) ont également montré une résistance au Cr (III), Ni, Zn, Cu, Cd et Hg (Alam et al., 2011 ; Verma et al., 2001). De même, une enquête sur l'abondance des gènes de résistance aux métaux (MRG) dans une zone de barrage de résidus de cuivre a révélé la présence de multiples MRG lourds qui sont codés par *czcA*, *czcC* et *czcD* (Chen et al. 2019). Il existe deux mécanismes différents de régulation de la cosélection pour la résistance multiple aux métaux lourds qui incluent la corésistance où les différents facteurs de résistance génétiquement liés se transfèrent simultanément et la résistance croisée dans laquelle le même facteur est responsable de la résistance à plus d'un composé structurellement dissemblable (Baker-Austin et al., 2006).

Bien que presque tous les isolats aient montré une haute tolérance envers Cr, Ni, Co et Cu, ces isolats ont cependant montré une faible tolérance envers Cd. Les CMI les plus élevées enregistrées pour le Cd étaient de 300 μg/ml et 280 μg/ml par les isolats PB17 et PB33. La CMI la plus basse enregistrée était de 70 μg/ml pour 3 isolats (PB7, PB8, P23) tandis que les CMI pour le reste des isolats étaient dans la gamme 100 -140 μg/ml. Une observation similaire a également été rapportée par Zainal Abidin et Chowdhury (2018) à Teluk Chempedak et Pantai Batu Hitam, tous deux situés sur le littoral du Pahang. Le Cd est largement utilisé dans de nombreuses industries comme les peintures, la galvanoplastie et les alliages de cuivre, les pâtes et papiers, les piles alcalines et les mines, les engrais et le raffinage du zinc (USEPA 2000). Comme tous les isolats ont montré une faible tolérance au Cd, cette observation peut indiquer que Pantai Balok n'est pas pollué par le Cd. Le schéma de résistance associé à Pantai Balok, Pahang était sous la forme de Cr > Ni > Co > Cu > Cd.

Tableau 3 : CMI du métal lourd en µg/ml

Isoler	Chrome (µg/ml)	Cobalt (µg/ml)	Cuivre (µg/ml)	Cadmium (µg/ml)	Nickel (µg/ml)
PB1	>450	>450	>450	140	>450
PB2	>450	250	400	120	>450
PB3	>450	250	>450	120	>450
PB4	>450	400	>450	140	>450
PB5	>450	300	>450	130	450
PB6	>450	>450	250	100	>450
PB7	>450	>450	>450	70	>450
PB8	>450	>450	>450	70	>450
PB9	>450	>450	>450	140	>450
PB10	>450	250	>450	100	>450
PB11	>450	250	>450	120	>450
PB12	>450	450	>450	120	>450
PB13	>450	400	>450	100	>450
PB14	>450	>450	100	100	>450
PB15	>450	>450	>450	100	>450
PB16	>450	>450	>450	120	>450
PB17	>450	>450	>450	300	>450
PB18	>450	>450	>450	140	>450
PB19	>450	>450	>450	100	>450
PB20	>450	>450	>450	100	>450
PB21	>450	>450	>450	120	>450
PB22	>450	400	>450	140	>450
PB23	>450	200	150	70	>450
PB24	>450	200	150	100	450
PB25	>450	>450	250	100	>450
PB26	>450	>450	200	100	>450
PB27	>450	>450	>450	100	>450
PB28	>450	>450	>450	100	>450
PB29	>450	>450	300	100	>450
PB30	>450	>450	>450	100	>450
PB31	>450	>450	250	100	>450
PB32	>450	>450	>450	100	>450
PB33	>450	>450	>450	280	>450

Tableau 4 : Identités des isolats présentant une résistance élevée aux métaux lourds

Isoler	CMI du métal lourd en µg/ml					Parent le plus proche	Similitude (%)
	Cr2+	Co2+	Cu2+	Cd2+	Ni2+		
PB1	>450	>450	>450	140	>450	1*Stenotrophomonas maltophilia* souche SJTH1	99%
PB9	>450	>450	>450	140	>450	*Staphylococcus pasteuri* souche AE4-2	98%
PB17	>450	>450	>450	300	>450	*Bacillus pumilus* souche NCTC10337	99%
PB18	>450	>450	>450	140	>450	*Bacillus* sp. souche C81	99%
PB33	>450	>450	>450	280	>450	*Pseudomonas aeruginosa* souche C-1	99%

67

L'identification moléculaire par amplification PCR du gène de l'ARNr 16S a été réalisée sur 5 isolats.
- PB1, PB9, PB17, PB18 et PB33, qui ont tous montré de forts profils de résistance aux métaux lourds. Tous les 5 isolats ont donné des lectures élevées (>450 µg/ml) pour Cr, Ni, Co et Cu et 3 isolats (PB1, PB9 et PB18) ont donné des CMI assez bas pour Cd (140 µg/ml) tandis que PB33 et PB17 avaient des valeurs de CMI pour Cd de 300 µg/ml et 280 µg/ml respectivement. L'amplification PCR du gène de l'ARNr 16S (~1,500 bp) pour ces isolats a été obtenue avec succès et les séquences partielles du gène de l'ARNr 16S ont été comparées avec la base de données NCBI (Tableau 4). La séquence partielle du gène de l'ARNr 16S a indiqué que PB1 était étroitement lié à *Stenotrophomonas maltophilia* avec 99% de similarité tandis que PB9 est hautement similaire à *Staphylococcus pasteuri* (Tableau 4). *Stenotrophomonas maltophilia* est une bactérie Gram-négative et les souches de *S. maltophilia* sont distribuées de façon omniprésente dans l'environnement, y compris dans les eaux côtières. *S. maltophilia* peut causer des infections nosocomiales chez les patients immunodéprimés et est naturellement résistant à de nombreux antibiotiques à large spectre tels que les céphalosporines, les carbapénèmes et les aminoglycosides. Plusieurs études ont rapporté l'incidence de *S. maltophilia* résistant aux métaux lourds (Baldiris et al. 2018 ; Raman et al. 2018 ; Pages et al. 2008), indiquant la capacité de résistance aux métaux lourds de cette bactérie en plus de la résistance aux antibiotiques. Les isolats PB17 et PB18 appartiennent au genre *Bacillus*, le PB17 étant étroitement lié à *B. pumilus*, tandis que l'isolat PB33 est identifié comme étant *Pseudomonas aeruginosa* d'après la séquence partielle du gène de l'ARNr 16S. Cette découverte est en accord avec d'autres découvertes (Zainal Abidin et al. 2020 ; Dweba et al. 2019 ; Pereira et Ramaiah 2019 ; Verma et al. 2017 ; Fierros-Romero et al. 2016) qui ont démontré que les souches de *Bacillus* sp., *Pseudomonas* sp. et *Staphylococcus* sp. possèdent la capacité de résistance aux métaux multiples. *Bacillus* sp. est une bactérie à Gram positif, en forme de bâtonnet, qui peut être isolée dans divers environnements, y compris chez les humains et les animaux. Jayanthi et al. (2016) ont rapporté l'occurrence de *B. pumilus* pour être absolument résistant à une gamme de métaux lourds (Pb, Hg, Cd, Cr. Mn, Zn, Al, Fe). *P. aeruginosa* est une bactérie Gram-négative largement répandue dans l'environnement, ainsi que dans divers organismes hôtes vivants. En outre, cette bactérie est la cause la plus fréquente d'infections opportunistes chez l'homme. *P. aeruginosa* présente généralement une résistance à de nombreux antibiotiques et cette bactérie est également connue pour sa capacité de résistance aux métaux lourds. Par exemple, on a constaté que *P. aeruginosa* ASU 6a, isolée d'un habitat fortement pollué par des métaux, présentait un degré élevé de tolérance à Pb2+, Cd2+, Cr6+ et Ni2+ et résistait à plusieurs antibiotiques (Hassan et al. 2008). *S. aureus* est l'un des plus importants agents pathogènes des humains et des animaux. Le SARM (*S. aureus* résistant à la méthicilline) est un pathogène notoire, un
cause fréquente dans les infections hospitalières et est résistant à de multiples antibiotiques. Les recherches menées par Dweba et al. (2019) ont révélé que les isolats de *S. aureus* étaient résistants à de fortes concentrations de Cd, Zn, Pb et Cu. Les 5 isolats ont le potentiel d'être utilisés dans une application biotechnologique et des recherches supplémentaires sont nécessaires pour capitaliser pleinement leurs capacités en tant qu'outils de test biologique dans les sites contaminés par les métaux lourds et en application dans la biorémédiation des zones polluées par les métaux lourds.

CONCLUSION

La présence de bactéries présentant une tolérance élevée au Cr, Ni, Co et Cu dans les sédiments marins de Pantai Balok peut suggérer l'existence d'une contamination aux métaux lourds sur ce site. Ces résultats illustrent l'impact des activités humaines sur les environnements marins, qui peuvent constituer un risque pour la santé publique et une menace pour l'écosystème marin. Les parties concernées, y compris les communautés locales, peuvent avoir besoin d'imposer une surveillance et une mise en application dans le littoral de Pahang dans le but de réduire l'impact des activités anthropogéniques sur les écosystèmes marins. En outre, cinq isolats (PB1, PB9, PB17, PB18 et PB33), qui ont tous montré une forte résistance aux métaux lourds, ont le potentiel d'être employés dans des applications biotechnologiques, en particulier dans la biorémédiation des sites pollués par les métaux lourds.

RÉFÉRENCES

Alam M.Z., Ahmad S., Malik, A. (2011). Prévalence de la résistance aux métaux lourds chez les bactéries isolées des effluents de tannerie et du sol affecté, *Environ. Monit. Assess.* 178 : 281-291.

Álvarez, A., Catalano, S.A., Amorosono, M.J. (2013). Les souches résistantes aux métaux lourds sont répandues le long
Phylogénie des *Streptomyces*. *Molecular Phylogenetics and Evolution,* 66:1083-1088.

Baker-Austin, C., Wright, M. S. , Stepanauskas, R. , J.V.McArthur, J.V. (2006). Co-sélection de la résistance aux antibiotiques et aux métaux. *Trends in Microbiology, 14(4) :* 176-182.

Baldiris, R., Acosta-Tapia, N., Montes, A., Hernández, J., Vivas-Reyes, R. (2018). Réduction du chrome hexavalent et détection de la chromate réductase (ChrR) chez *Stenotrophomonas maltophilia. Molécules,* 23:408 doi:10.3390/molécules23020406.

Chapman, P.M. Wang, F. Janssen, C. Persoone G., Allen, H.E. (1998). Ecotoxicologie des métaux dans les sédiments aquatiques : liaison et libération, biodisponibilité, évaluation des risques et remédiation. *Can. J. Fish. Aquat Sci.,* 55 : 2221-2243.

Chen, J., Li, J., Zhang, H., Shi, W., Liu, Y. (2019). Gènes bactériens de résistance aux métaux lourds et aux antibiotiques dans une zone de barrage de résidus de cuivre dans le nord de la Chine. *Front. Microbiol.* 10:1916. doi : 10.3389/fmicb.2019.01916

Deng, X., Wang, P. (2012). Isolement de bactéries marines hautement résistantes au mercure et leur processus de bioaccumulation. *Bioresource Technology*, 121 : 342-347.

Dweba, C.C., Zishiri, O.T., El Zowalaty, M.E. 8 (2019) Isolation and molecular identification of virulence, antimicrobial and heavy metal resistance genes in Livestock-associated methicillin resistant *Staphylococcus aureus, Pathogens,* 1-21.

Fierros-Romero, G., Gómez-Ramírez, M., Arenas-Isaac, G.E., Pless, R.C., Rojas-Avelizapa, N.G. (2016). Identification des gènes de *Bacillus megaterium* et *Microbacterium liquefaciens* impliqués dans la résistance aux métaux et l'élimination des métaux, *Can. J. Microbiol.* 62 : 505-513.

Hassan, S., H. A., Abskharon R. N. N., Gad El-Rab, S. M. F., Shoreit A.. A. M. (2008). Isolation, caractérisation de la souche résistante aux métaux lourds de Pseudomonas aeruginosa isolée de sites pollués dans la ville d'Assiut, Egypte, *Journal of Basic Microbiology*, 48:168-176.

Hou, S., Zheng, N., Tang, L., Ji, X., Li, Y., Hua, X. (2018). Caractéristiques de la pollution, sources et évaluation des risques pour la santé de l'exposition humaine à la pollution au Cu, Zn, Cd et Pb dans la poussière de rue urbaine à travers la Chine entre 2009 et 2018. *Environnement international*, 128, 430-437.

Jayanthi, B., Emenike C.U., Agamuthu, P., Khanom Simarani, Sharifah Mohamad, Fauziah, S.H. (2016). Diversité microbienne sélectionnée du sol de décharge contaminé de la Malaisie péninsulaire et le comportement envers l'exposition aux métaux lourds, *Catena* 147 : 25-31.

Malik, A., Aleem, A. (2011). Incidence de la résistance aux métaux et aux antibiotiques chez *Pseudomonas* spp. de l'eau de rivière, du sol agricole irrigué avec des eaux usées et des eaux souterraines. *Environ Monit Assess* 178 **:** 293-308.

Mengoni, A. Barzanti, R. Gonnelli, C. Gabbrielli, R. Bazzicalupo, M. (2001). Characterization of nickel- resistant bacteria isolated from serpentine soil, *Environ. Microbiol. ,* 3, 691–698.

Mohammadi, A.A., Zarei, A., Esmaeilzadeh, M., Taghavi, M., Yuosefi, M., Yousefi, Z., Sedighi, F., Javan, S. (2020) . Évaluation de la pollution par les métaux lourds et des risques pour la santé humaine dans les sols autour d'une zone industrielle à Neyshabur, Iran, *Biol Trace Elem Res,* 195, 343-352.

Nies, D.H., 1999. Microbial heavy-metal resistance. *Appl. Microbiol. Biotechnol.* 51, 730–750.

Nithya, C., Pandian, S. K. (2010). Isolation des bactéries hétérotrophes des sédiments de Palk Bay montrant la tolérance aux métaux lourds et la production d'antibiotiques. *Microbiological Research*, 165(7), 578-593.

Pages, D., Rose, J., Conrod, S., Cuine, S., Carrier, P. (2008) Heavy Metal Tolerance in *Stenotrophomonas maltophilia. PLoS ONE* 3(2) : e1539. doi:10.1371/journal.pone.0001539

Pereira, E.J., Ramaiah N. (2019). Potentiel de détoxification du chromate de *Staphylococcus* sp, isolats d'un estuaire, *Ecotoxicol.* , 28 : 457–466.

Raman, N., Asokan, M., Shobana, S. Sundari, N. (2018). Biorémédiation du chrome (VI) par *Stenotrophomonas maltophilia* isolé des effluents de tannerie. *Int. J. Environ. Sci. Technol.* 15 : 207–216

Sair A.T., Khan, Z.A. (2017) Prévalence de la résistance aux antibiotiques et aux métaux lourds chez les bactéries gram-négatives isolées des rivières du nord du Pakistan, *Water Environ. J.*, 32 : 51–57.

Schütze, E., Kothe, E. (2012). Interactions bio-géo dans les sols contaminés par des métaux. Dans : Kothe, E., Varma, A. (Eds.), *Soil Biology* 31, Springer-Verlag, Berlin Heidelberg, pp. 163-182.

USEPA (2000) Introduction à la phytoremédiation. Agence de protection de l'environnement des États-Unis, Washington.

Vareda, J.P., Valente, A.J.M., Durães, L. (2019). Évaluation de la pollution par les métaux lourds provenant des activités anthropiques et stratégies de remédiation : Une revue. *Journal of Environmental Management,* 246, 101 à 118.

Verma, G., Christy, N., Veer, C. (2017). Isolation et caractérisation de Pseudomonas stutzeri en tant que bactéries tolérantes au plomb à partir de plans d'eau d'Udaipur, en Inde, en utilisant la technique de séquençage de l'ADNr 16S, J. *Pure Appl. Microbiol.*, 11 : 975-979.

Wuana, R. A., Okieimen, F. E. (2011). Les métaux lourds dans les sols contaminés : une revue des sources, de la chimie, des risques et des meilleures stratégies disponibles pour la remédiation. *ISRN Ecology, 2011.*

Yamina, B., Tahar, B., & Laure, F. M. (2012). Isolement et criblage de bactéries résistantes aux métaux lourds à partir d'eaux usées : Une étude de la co-résistance aux métaux lourds et de la résistance aux antibiotiques. *Science et technologie de l'eau : A Journal of the International Association on Water Pollution Research*, 66(10), 2041-8.

Yang, Q., Li, Z., Lu, X., Duan, Q., Huang, L., Bi, J. (2018). Un examen de la pollution des sols par les métaux lourds dans les régions industrielles et agricoles en Chine : Évaluation de la pollution et des risques. *Science de l'environnement total,* 642, 690-700.

Zainal Abidin, Z.A., Chowdhury, A.J.K. (2018). Métaux lourds et bactéries de résistance aux antibiotiques dans les sédiments marins de l'eau côtière de Pahang. *J. CleanWAS*, 2(1) : 20-22.

Zainal Abidin, Z.A., Badaruddin, P.N.E., Chowdhury, A.J.K. (2020) Isolation of heavy metal resistance bacteria from lake sediment of IIUM, *Kuantan Desalination and Water Treatment* 188 : 431-435.

LA TOLÉRANCE À LA SALINITÉ ET LES PERFORMANCES DE CROISSANCE DE

LAITON D'ASIE (Lates calcarifer) JUVENILES

Kim Seng, Tan1, Mohammad Tajuddin Abd Manaf1, Najiah Musa1, Kok Leong, Lee1, Nadirah Musa1* *1Faculté de la pêche et des sciences alimentaires, Universiti Malaysia Terengganu, 21030 Kuala Nerus, Terengganu*
**Auteur correspondant : <u>nadirah@umt.edu.my</u>*

RÉSUMÉ

L'étude actuelle vise à déterminer la tolérance et les taux de croissance des juvéniles de bar asiatique soumis à différentes gammes de salinités de l'eau, à savoir 0, 5, 10, 15, 20, 25 et 30ppt. Les poissons ont également été soumis à une étude de performance de croissance pendant 15 jours. Aucune mortalité n'a été observée pendant la période expérimentale. Une performance de croissance significativement plus élevée du gain total de longueur (TLG), du gain total de poids (TWG) et du taux de croissance spécifique (SGR) a été observée à 0 et 25 ppt avec 6,16 et 8,08% ; 29,94 et 26,92% et 1,72 et 1,58%, respectivement. Dans l'ensemble, les juvéniles de bar asiatique élevés à 0 ppt de salinité pendant 15 jours ont atteint une meilleure valeur pour le TWG et le SGR par rapport à 25 ppt. Par conséquent, la manipulation des niveaux de salinité peut être bénéfique pour la gestion des écloseries afin d'augmenter la survie et la production du bar asiatique.

Mots clés : *Lates calcarifer* ; tolérance à la salinité ; performance de croissance

INTRODUCTION

Au cours des dernières décennies, le secteur de la pêche détient un grand potentiel pour fournir une source importante de protéines à la population malaisienne. Selon la FAO (2018), la production totale de la pêche du pays s'élevait à 1,7 million de tonnes avec une valeur totale des recettes d'exportation de 714,1 millions USD en 2017. En général, la pêche peut être divisée en deux composantes majeures, i) la pêche de capture marine, et ; ii) l'aquaculture. Cependant, la pêche de capture est le secteur qui contribue le plus aux débarquements de poissons, avec 88,3 % de la production totale en 2007, le reste provenant de l'aquaculture (FAO, 2018).

Le bar asiatique, *Lates calcarifer,* localement connu sous le nom de "ikan siakap", est un membre tropical et subtropical de la famille des Latidae de l'ordre des Perciformes (Shadrin et Pavlov, 2015). Ce poisson est largement répandu dans la région Indo-Ouest du Pacifique, du golfe Persique au sud de la Chine, en Papouasie-Nouvelle-Guinée et au nord de l'Australie (Nelson, 1994). Le prix du bar d'Asie sur le marché local a augmenté jusqu'à 16 RM par kilogramme. La demande de bar d'Asie est considérée comme élevée et c'est l'un des poissons les plus populaires parmi les Malaisiens en raison de sa texture fine et de sa chair blanche savoureuse.

Dans la nature, *Lates calcarifer* se reproduit toute l'année, la saison de pointe se situant entre avril et août. Le poisson adulte est un carnivore vorace, mais les juvéniles sont omnivores (Kungvankil et al., 1985). Ils semblent avoir besoin d'eau salée pendant la saison du frai, mais les larves peuvent aussi être trouvées en eau douce. Les larves se métamorphosent en alevins à l'âge de 8-10 mm qui peuvent être facilement reconnus par le changement de couleur des larves de poisson de sombre à brunâtre et l'apparition de rayures latérales distinctes (Dhert, Laven & Sorgeloos, 1992) ; et plus tard le changement au stade d'alevin à l'âge de 2 à 3 semaines (20 mm).

L'aquaculture, en particulier la pisciculture en eau saumâtre en Malaisie, a un potentiel de développement. En tant que tel, le bar asiatique est un important poisson côtier, estuarien et d'eau douce a été la cible des espèces de culture pour les pisciculteurs locaux en raison de sa valeur marchande élevée et de son taux de croissance rapide (FAO, 2018). Néanmoins, le succès de la production de semences commence par la disponibilité de géniteurs sains et la constance de la haute qualité de la production de semences de masse. Cependant, à l'heure actuelle, la qualité de la semence du bar asiatique est incohérente tandis qu'un approvisionnement inadéquat en semences a été signalé, que ce soit dans la nature ou en aquaculture (Nammalwar et Marichamy, 1998).

Divers processus physiologiques chez les poissons, tels que le métabolisme, l'osmorégulation et le biorythme, sont affectés par la salinité de l'eau. En outre, la salinité affecte la distribution, la croissance et le taux de survie du développement des poissons (Varsamos et al., 2005). Les poissons osseux peuvent maintenir les salinités environnementales de leurs fluides corporels dans l'homéostasie ionique et osmotique par des processus exigeants en énergie des mécanismes d'osmorégulation (Sampaio et Bianchini, 2002). La croissance est le résultat positif net de l'énergie fournie par l'ingestion de nourriture et la dépense métabolique (Jobbling, 1994). Il a été rapporté que lorsque la salinité est au niveau optimal, l'énergie nette peut aider à améliorer les taux de croissance des poissons (Amni et al., 2015) et à réduire le travail osmotique (Estudillo et al., 2000). Pourtant, seules quelques études ont été réalisées pour étudier la tolérance à la salinité du bar asiatique. Par conséquent, cette expérience a été menée pour déterminer la tolérance à la salinité et les taux de croissance du loup de mer asiatique (*Lates calcarifer*) juvénile soumis à différents traitements de salinité.

MATÉRIAUX ET MÉTHODES

Source de juvéniles Sébaste asiatique

Des juvéniles de loup de mer asiatique, *Lates calcarifer* (50 jours après l'éclosion) ont été achetés auprès d'un fournisseur local. Le poids et la longueur de chacun des juvéniles ont été mesurés (poids moyen : 11,80 ± 3,75 g ; longueur moyenne : 10,26 ± 1,15 cm). Les expériences ont été réalisées à l'écloserie marine, Unité d'écloserie, Faculté de la pêche et des sciences alimentaires, Universiti Malaysia Terengganu.

Configuration expérimentale

L'eau de mer a été stockée dans les réservoirs et filtrée à travers des filtres biologiques ou des filtres à sable rapides pour maintenir la qualité d'eau requise. Des eaux de salinité différente ont été préparées (5, 10, 15, 20 (contrôle), 25 et 30 ppt) et diluées avec de l'eau douce et conservées dans un aquarium en verre fermé. De l'eau douce a été utilisée pour 0 ppt. Quatorze unités de 54 litres d'aquarium en verre (60 cm × 30 cm × 30 cm de profondeur) ont été préparées et lavées avant le début de l'expérience et remplies d'eau de différents niveaux de salinité. Un réfractomètre a été utilisé pour mesurer la salinité de l'eau utilisée. En outre, une légère aération a été placée dans l'aquarium pour améliorer la circulation de l'eau et fournir de l'oxygène dissous en continu.

Cent quarante juvéniles sains de bars de tailles similaires ont été transférés dans un bassin de stockage (210 cm × 120 cm × 74 cm de profondeur) de 350 L, rempli d'eau aérée à 20 ppt pour une acclimatation d'une semaine. A l'arrivée, les poissons ont été initialement affamés et soumis à 10ml de 5 ppm d'iode pour un traitement initial en 5 heures, et continué pour l'acclimatation avec 20 ppt. Après 24h, les poissons ont été nourris deux fois par jour avec des granulés commerciaux pour poissons marins (43% de protéines brutes, 6% de graisse brute et 12% d'humidité) à 2,0% du poids corporel.

Tolérance à la salinité

La première expérience a été menée pour déterminer l'effet de la salinité de l'eau sur le taux de survie des bars asiatiques juvéniles. Avant les essais de salinité, les juvéniles ont été affamés pendant 24h. Leur longueur totale (TL) et leur poids corporel (BW) ont été enregistrés. Des aquariums en verre de différentes salinités de l'eau ont été préparés ; en répliques. Un total de 70 juvéniles a été réparti de manière égale dans 14 aquariums (n=5) et conservé pendant 48 heures. Les poissons n'ont pas été nourris pendant les essais, la mortalité a été observée quotidiennement, et les poissons morts ont été retirés.

Effet de la salinité sur les performances de croissance

Aucune mortalité n'a été enregistrée pendant les essais de tolérance à la salinité. Par conséquent, des salinités d'eau de 0, 5, 10, 15, 20 (contrôle), 25 et 30 ppt ont été utilisées pour l'expérience de performance de croissance qui a duré 15 jours. Les expériences ont été menées en répliques (Amornsakun *et al.*, 2016). La longueur totale (TL) et le poids total (TW) de 70 poissons ont été mesurés et enregistrés avant l'expérience et à la fin de la période de 15 jours. Soixante-dix juvéniles de bar ont été répartis de manière égale dans 14 aquariums (n=5).

Les paramètres de qualité de l'eau tels que la température, la salinité, l'oxygène dissous, le pH et la mortalité ont été enregistrés quotidiennement. Les thermoplongeurs ont été utilisés pour maintenir la température de l'eau à 28 ± 1°C. Chacun des aquariums a été aéré pour maintenir les niveaux de saturation en oxygène dissous dans la gamme de
60-70%. Pendant l'expérience, les juvéniles ont été nourris deux fois par jour à raison de 2% du poids corporel avec des granulés commerciaux pour poissons marins. Les excréments et les déchets alimentaires non consommés ont été siphonnés quotidiennement des aquariums. Pendant la période de 15 jours, un tiers du volume d'eau a été remplacé tous les 3 jours juste avant l'heure de l'alimentation.

Après 15 jours, les poissons ont été immobilisés, pesés, mesurés en longueur et soigneusement remis dans leur aquarium individuel désigné. Pour chaque poisson, la moyenne du poids initial et final (g), le gain total de poids (%), la longueur initiale et finale (cm), le gain total de longueur (%), et le taux de croissance spécifique (SGR) ont été enregistrés et calculés selon les formules données :

I.   Gain de longueur totale (TLG)
Pourcentage de TLG (%) = $[(L_1 - L0) \div L0] \times 100$
Où, $L0$ = Moyenne initiale de la longueur totale (cm) ; L_1 = Moyenne finale de la longueur totale (cm).

II.   Gain de poids total (TWG)
Pourcentage de GTT (%) = $[(W1 - W0) \div W0] \times 100$
Où : $W0$ = Moyenne initiale du poids corporel (g) ; $W1$ = Moyenne finale du poids corporel (g).

III.   Taux de croissance spécifique (TCS)
Gain de poids spécifique (SGR) (%) = $[(ln$ poids corporel final $- ln$ poids corporel initial$) \div$ jour$] \times 100$

Analyse statistique

Les données ont été exprimées en tant que moyenne ± SD et analysées par une analyse de variance à sens unique (ANOVA) et le test de Tukey de comparaisons multiples a été utilisé pour l'évaluation statistique post-hoc pour la performance de croissance du poisson avec le niveau significatif a été fixé à $P < 0,05$. Les analyses statistiques ont été réalisées à l'aide de SPSS (20.0 pour Windows). Toutes les données en pourcentage du gain total de longueur (TLG), du gain total de poids (TWG) et du taux de croissance spécifique (SGR) ont été transformées en utilisant Arcsine avant l'ANOVA.

RÉSULTATS ET DISCUSSION

Tolérance à la salinité du bar d'Asie juvénile

Les résultats montrent que les juvéniles de bar asiatique (Figure 1) ont été capables de survivre dans tous les traitements de salinité et peuvent tolérer une large gamme de salinité (de 0 à 30 ppt). Le taux de survie des poissons est généralement influencé par la capacité du fluide corporel à tolérer l'osmolalité du milieu extérieur (Stickeney, 1979). Il est rapporté que le bar asiatique est capable d'accumuler des métaux lourds tels que le mercure (Currey et al., 1992), tout en survivant dans diverses conditions physiologiques et environnementales, y compris des salinités variables, une turbidité et des températures élevées (Job, 2011 ; Rajaguru, 2002 ; Yue et al., 2009). Ceci est dû à un taux d'échange plus élevé, notamment au niveau des branchies, de la peau et de l'intestin qui sont responsables de la prise d'eau (Sarwono, 2004).

Fig. 1 : Sébaste asiatique (*Lates calcarifer*) au stade juvénile.

L'observation du comportement des poissons dans différentes conditions de salinité de l'eau a également été réalisée dans le cadre des essais de tolérance à la salinité. Le nombre de poissons nageant dans une position anormale, c'est-à-dire le corps incliné de près de 180° avec la tête pointée vers le bas (figure 2), a augmenté progressivement de 0 à 10 ppt ; le pourcentage le plus élevé (p<0,05) a été observé à 10 ppt avec 30 %, alors qu'aucun poisson ne nageait dans une position anormale à 15 et 20 ppt (figure 3). Cependant, le pourcentage de poissons nageant avec des positions anormales a été enregistré à 25 et 30 ppt avec 10%. Cette position anormale suggère que le poisson a probablement des problèmes liés à la flottabilité. Il est possible que la vessie natatoire ne fonctionne pas correctement à cause des changements drastiques de la qualité de l'eau, comme la salinité.

Fig. 2 : Position de nage anormale des juvéniles de bar asiatique.

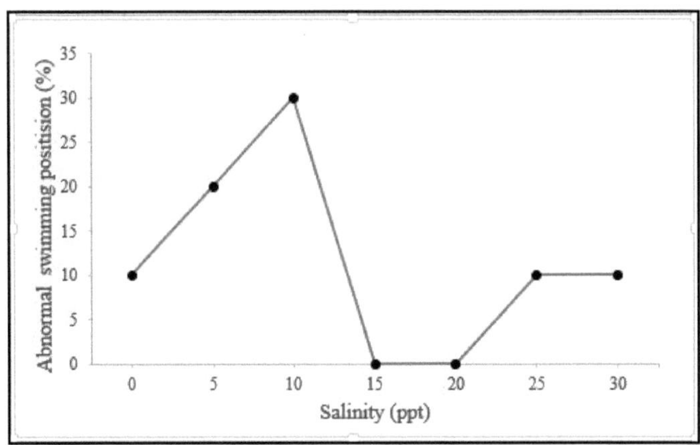

Fig. 3 : Pourcentage de juvéniles de bar asiatique présentant une position de nage anormale dans différentes salinités pendant 48 heures (n=5).

Effet de différentes salinités de l'eau sur les performances de croissance

La longueur moyenne du corps et le poids du bar asiatique dans toutes les salinités ont augmenté pendant la durée de 15 jours (Tableau 1). La longueur moyenne du corps la plus élevée a été trouvée dans la salinité 25ppt ; avec 10,88±0,12cm et un gain total de longueur (TLG) de 8,08 ± 1,81 %. Tandis que la longueur moyenne du corps la plus faible a été trouvée dans une salinité de 10ppt, avec 10,01 ± 0,2 cm de 1,94 ± 0,04 %. Le TLG était significativement plus élevé (P<0,05) à 0 et 25 ppt.

En ce qui concerne le gain de poids total (GPT), le poids corporel moyen le plus élevé a été trouvé chez 0ppt et avec 29.94 ± 14.33
% ; tandis que la moyenne la plus basse du poids a été observée dans 15ppt, enregistrée à 9.58 ± 2.75 %. Les GTT étaient significativement plus élevés (P<0,05) à 0, 10 et 25 ppt.

Pour le taux de croissance spécifique (SGR), la valeur la plus élevée a été obtenue à 0 ppt avec 1,71 ± 0,74 %/jour, tandis que la valeur la plus faible du SGR a été obtenue à 15 ppt avec 0,61 ± 0,17 %/jour à 15ppt. Un SGR significativement plus élevé (P>0,05) a été obtenu à 0, 10 et 25 ppt.

Tableau 1 : Paramètres de performance de croissance, gain total de longueur (TLG), gain total de poids (TWG) et taux de croissance spécifique (SGR) des juvéniles de bar asiatique élevés pendant 15 jours à différentes salinités de l'eau (n=5).

Salinité (ppt)	0	5	10	15	20	25	30
TLG (%)	6.16 ± 3.29a	4.27 ± 0,31ab	1.95 ± 0.12c	1.94 ± 0.04c	3.13 ± 0.11b	8.08 ± 1.81a	3.04 ± 0.93b
GTT (%)	29.94 ± 14.33a	13.79 ± 8.54b	24.04 ± 10.13a	9.58 ± 2.75b	11.10 ± 3.71b	26.92 ± 10.21a	14.34 ± 8.40b
SGR (%/)	1.72 ± 0.74a	0.85 ± 0.50b	1.42 ± 0,54ab	0.61 ± 0.17b	0.70 ± 0.22b	1.58 ± 0.53a	0.88 ± 0.49b

Les données sont présentées sous forme de moyenne ± écart-type (ET). [a,b,c] Des exposants différents indiquent une valeur différente significative au sein d'une même ligne (P<0,05).

Dans l'ensemble, le gain de longueur (TLG), le gain de poids total (TWG) et le taux de croissance spécifique (SGR) du bar asiatique sont les meilleurs à 0 ppt par rapport aux autres salinités. La performance de croissance des poissons est affectée par l'interaction génotype-environnement telle que la salinité, la photopériode et la température (Kikuchi et al., 2007 ; Zahari et al., 2018) et peut également varier selon l'espèce, le sexe et l'âge (Hepher, 1993 ; Dutta, 1994). En outre, des facteurs tels que la qualité et la quantité de nourriture, la gestion et l'état de santé jouent également un rôle important. Chez la plupart des espèces de poissons, la croissance est indéterminée (van Winkle et al., 1997), ces facteurs doivent donc être pris en compte lors de la mise en place d'une pisciculture pour produire des poissons de la meilleure qualité (Boeuf et al., 1999). Certaines études ont rapporté un meilleur taux de croissance dans des conditions de salinité intermédiaire telles que l'eau saumâtre, comme c'est le cas pour le saumon de l'Atlantique, la truite arc-en-ciel et la daurade royale (Boeuf et Payan, 2001), probablement en raison d'une stimulation hormonale, d'un ralentissement du métabolisme, d'une augmentation de la consommation alimentaire et d'une digestibilité accrue des protéines (Kikuchi et al., 2007). Cependant, selon Altinok et Grizzle (2001), certaines espèces de poissons juvéniles ont montré des performances de croissance incohérentes lorsqu'elles étaient soumises à une faible salinité en raison de différences génétiques. La salinité dévie l'énergie disponible de la régulation osmotique vers la croissance des poissons (Altinok et Grizzle, 2001). Cependant, la relation entre la salinité et les performances de croissance est complexe et ne peut être facilement prédite (Iwama, 1996). Par exemple, chez les poissons d'eau douce, plus la salinité est élevée, plus le taux de développement est élevé ; contrairement aux poissons marins, plus la salinité de l'eau est faible, plus le taux de croissance est élevé (Woo & Kell, 1995 ; Boeuf et Payan,2001).

CONCLUSION

En conclusion, les juvéniles de bar asiatique peuvent tolérer une large gamme de salinité. Cependant, les juvéniles élevés à 0 ppt ont atteint les meilleures performances de croissance, comme l'indiquent le TWG et le SGR, par rapport à 25 ppt. Les résultats sont utiles pour la gestion des écloseries tout en étant capables d'améliorer le rendement du bar asiatique, *Lates calcarifer*. D'autres études sur l'effet de la salinité sur le comportement de nage et la performance physiologique du bar asiatique sont justifiées.

ACCUSÉ DE RÉCEPTION

Les auteurs tiennent à remercier la Faculté de la pêche et des sciences de l'alimentation, Universiti Malaysia Terengganu, pour avoir fourni les installations nécessaires.

RÉFÉRENCES

Altinok, I. et Grizzle, J.M. (2001). Effets de l'eau saumâtre sur la croissance, la conversion des aliments et l'efficacité de l'absorption d'énergie par les poissons sténohalins euryhalins et d'eau douce juvéniles. *Journal of fish Biology.* **59** : 1142-1152.

Amni, R.O., Kawamura, G., Senoo, S. et Ching, F.F. (2015). Effets de différentes salinités sur la croissance, la performance alimentaire et le niveau de cortisol plasmatique chez les juvéniles hybrides TGGG (Mérou tigre, *Epinephelus fuscoguttatusx* et Mérou géant, *Epinephelus lanceolatus*). *Journal international de recherche des sciences biologiques.* **4** : 15-20.

Amornsakun, T., Vo, V.H., Petchsupa, N., Pau, T.M. et Hassan, A.B. (2017). Effets de la salinité de l'eau sur l'éclosion de l'œuf, la croissance et la survie des larves et des alevins du poisson serpent, *Channa striatus.* *Songklanakarin Journal Science et Technologie.* **39**:137-142.

Boeuf, G., Boujard, D. et Ruyet, J. P. L. (1999). Contrôle de la croissance somatique chez le turbot. *Journal of Fish Biology.* **55** : 128-147.

Boeuf, G. et Payan, P. (2001). Comment la salinité influence-t-elle la croissance des poissons ? *Comparative Biochemistry and Physiology Part C : Toxicology and Pharmacology.* **130** : 411-423.

Bœuf. G. (2009). Acclimatation des organismes aquatiques en culture. *Pêche et aquaculture-Volume IV.* n : Encyclopedia of Life Support Systems, EOLSS UNESCO, sous presse. Pp : 175.

Currey, N.A., Benko, W.I., Yaru, B.T. et Kabi, R. (1992). Détermination des métaux lourds, de l'arsenic et du sélénium dans le Barramundi (*Lates calcarifer*) du lac Murray, Papouasie-Nouvelle-Guinée. *La science de l'environnement total.* **125** : 305-320.

Dhert, P., P. Lavens & P. Sorgeloos. (1992). Stress evaluation : a tool for quality control of hatchery-produced shrimp and fish fry. Aquacult. Europe, **17** : 6-10.

Dutta H. (1994). La croissance chez les poissons. *Gérontologie (Inde).* **40**:97-112

Estudillo, C.B., Duray, M.N., Marasigan, E.T. et Emata, A.C. (2000). Salinity tolerance of larvae of the mangrove red snapper (*Lutjanus argentimaculatus*) during ontogeny. *Aquaculture.* **190** : 155-167.

Statistiques des pêches de la FAO (2018). Pêcheries et aquaculture de Malaisie. Département des pêches et de l'aquaculture de la FAO [en ligne]. Disponible sur : http://www.fao.org/fishery/facp/MYS/en [consulté le [28] mars2018].

Hepher, B. (1993). Growth. Dans : Hepher B, éditeur. Nutrition of Pond Fishes. Cambridge : Université de Cambridge ; pp. 163-191

Iwama, G.K. (1996). Growth of salmonids. Dans Principle of Salmonid Culture (Pennell, W. et Barton, B.A., eds). Amsterdam : Elsevier. Pp. 467-516

Job, S. (2011). Barramundi Aquaculture. *Avancées récentes et nouvelles espèces en aquaculture.* Pp. 199-229. Jobling, M. (1995). Fish bioenergetics. *Revue de la littérature océanographique.* **9** : 785.

Kikuchi, K., Furuta, T., Ishizuka, H., et Yanagawa, T. (2007). Growth of tiger puffer, *Takifugu rubripes*, at different salinities. *Journal de la Société mondiale d'aquaculture.* **38**:427-434.

Kungvankil, P., Tiro Jr, L.B., Pudadera Jr, B.J. et Potesta, I.O. (1985). Manuel de formation : Biologie et culture du bar (*Lates calcarifer*). Département des pêches et de l'aquaculture (FAO) [en ligne]. Disponible sur : http://www.fao.org/docrep/field/003/ac230e/AC230E02.htm#ch2 [Consulté le [10] mars 2018].

Nammalwar, P. et Marichamy, R. (1998). Écloserie de loup de mer. Institut central de recherche sur les pêches marines, Kochi. Pp. 149-153.

Nelson, J. (1994). *Fishes of the World,* [3ème] édition. John Wiley and Sons, New York.

Rajaguru, S. (2002). Maximum thermique critique de sept poissons estuariens. *Journal of Thermal Biology.* **27** : 125-128.

Sampaio, L.A. et Bianchini, A. (2002). Effets de la salinité sur l'osmorégulation et la croissance du flet euryhalin *Paralichthys orbignyanus. Journal of Experimental Marine Biology and Ecology.* **269** : 187-196.

Sarwono, H.A. (2004). Effet de la salinité sur la capacité osmorégulatrice, la consommation d'aliments, l'efficacité alimentaire et la croissance du bar juvénile (*Lates calcarifer* Bloch). KasetsartUniversity.

Shadrin, A.M. et Pavlov, D.S. (2015). Développement embryonnaire et larvaire du loup de mer asiatique *Lates calcarifer* (Pisces : Perciformes : Latidae) dans des conditions thermostatées. *Izvestiya Akademii Nauk, Seriya Biologicheskaya.* 4:401-414.

Sharpe, S. (2018). Trouble de la vessie natatoire chez les poissons d'aquarium. L'épinette [en ligne]. Disponible sur : https://www.thespruce.com/swim-bladder-disorder-in-aquarium-fish-1381230 [Consulté le [16] avril 2018].

Stickney, R.R. (1979). Principes de l'aquaculture en eau chaude. *John Wiley and Sons.* New York. Pp. 262- 314.

Varsamos, S., Nebel, C. et Charmantier, G. (2005). Ontogenèse de l'osmorégulation chez les poissons postembryons : A review. *Biochimie et physiologie comparatives Partie A, CBP.* **141** : 401-429.

Van Winkle W, Shuter BJ, Holcomb BD, Jager HI, Tyler JA & Whitaker S (1997). Régulation de l'acquisition et de l'allocation de l'énergie à la respiration, la croissance et la reproduction : modèle de simulation et exemple utilisant la truite arc-en-ciel. In : Early Life History and Recruitment in Fish Populations. Chambers RC & Trippel EA (eds.), pp. 103- 137. Londres, UK : Chapman & Hall

Woo, N. Y. S., & Kell, S. P. (1995). Effect of salinity and nutritional status on growth and metabolism of *Sparus sarba* in a closed seawater system. *Aquaculture,* **135**, 229-238.

Yue, G.H., Zhu, Z.Y., Lo, L.C., Wang, C.M., Lin, G., Feng, F., Pang, H.Y., Li, J., Gong, P., Liu, H.M., Tan, J., Chou, R., Lim, H. et Orban, L. (2009). Variation génétique et structure de la population du bar d'Asie (*Lates calcarifer*) dans la région Asie-Pacifique. *Aquaculture.* **293** : 22-28.

Zahari, Z., Christianus, A., et Ismail, M.F.S. (2018). Effet de la densité de stockage et de la salinité sur la croissance et la survie des alevins d'Anabas dorés. *Enquête en sciences halieutiques.* **4** : 26-37.

Revue : Diversité des actinomycètes et capacités biosynthétiques des eaux côtières de la côte est de la Malaisie péninsulaire

Zaima Azira Zainal Abidin1*, Nurfathiah Abdul Malek

1Département *de biotechnologie, Kulliyyah des sciences, Université islamique internationale de Malaisie.*

**Auteur correspondant : zzaima@iium.edu.my*

RÉSUMÉ

Les actinomycètes sont reconnus comme une source éminente d'antibiotiques et d'une large gamme de composés biologiques. La découverte de la streptomycine à partir de *Streptomyces* a ouvert la voie à l'exploration et à l'exploitation des actinomycètes pour la découverte d'antibiotiques et d'autres composés importants. Reconnaissant le potentiel des actinomycètes dans la découverte de produits naturels, de nombreux chercheurs en Malaisie ont également pris l'initiative de participer à l'exploration des actinomycètes dans les environnements locaux. Cette revue résume et met en évidence les recherches menées sur la diversité des actinomycètes et leur potentiel biologique, en particulier sur la côte Est de la Malaisie péninsulaire, à savoir Pahang, Terengganu et Kelantan.

Mots clés : actinomycètes, diversité, activités biologiques, eaux côtières.

INTRODUCTION

Les actinomycètes sont des bactéries à Gram positif, aérobies et filamenteuses que l'on trouve couramment dans le sol. Ils sont réputés pour leur capacité supérieure à produire des métabolites secondaires aux activités biologiques étendues. Le genre prolifique *Streptomyces,* par exemple, est à l'origine de près de 70 % des antibiotiques disponibles dans le commerce. Cependant, le criblage extensif des actinomycètes à partir de leurs homologues terrestres a conduit à l'épuisement des cultivars d'actinomycètes et a diminué la probabilité de trouver de nouveaux métabolites secondaires bioactifs en raison de la redécouverte de composés connus de producteurs précédemment isolés (Lam, 2006 ; Naikpatil et Rathod, 2011). Par conséquent, l'exploration des actinomycètes dans des endroits inexplorés et sous-explorés tels que les environnements extrêmes et l'environnement marin et la concentration sur des groupes d'actinomycètes rares peuvent conduire à la nouveauté des espèces et finalement à la nouveauté chimique (Goodfellow et Fiedler, 2010 ; Subramani et Aalbersberg, 2013). La distribution des actinomycètes malaisiens a été étudiée dans les chaînes de montagnes (Lo et al., 2002), les sols de forêt tropicale (Numata et Nimura, 2003), les plantes médicinales (Zin et al., 2007), les sols agricoles (Jeffrey, 2008), les litières de feuilles (Muramatsu et al., 2011), les marais tourbeux (Jeffrey, 2011), les sols de la rhizosphère (Ting et al., 2009) et le compost (Ting et al., 2014). Les études ont conclu à une grande diversité d'actinomycètes, mais avec une population dominante de *Streptomyces*. L'étude des isolats bioactifs potentiels pour les activités enzymatiques (Jeffrey et al., 2007 ; Ting et al., 2014), antibactériennes (Jeffrey et Halizah, 2014 ; Ting et al., 2014) et antifongiques (Jeffrey et Halizah, 2014b) a également été réalisée, avec des résultats prometteurs qui justifient des recherches plus approfondies. L'étude de la distribution et du biopotentiel des actinomycètes de l'environnement des eaux côtières de Malaisie est encore limitée, en particulier sur la côte est de la Malaisie, ce qui en fait une source importante pour l'isolement et la bioprospection pour le programme de découverte de médicaments. Les eaux côtières comprennent les zones de plateau continental, les mers semi-fermées et fermées, les baies, les estuaires et les zones humides. Elles bénéficient souvent de flux de nutriments provenant de la terre et/ou de remontées océaniques qui amènent de l'eau riche en nutriments à la surface, offrant ainsi des environnements uniques aux bactéries marines. En outre, l'environnement des eaux côtières subit également diverses fluctuations de facteurs physiques tels qu'une salinité élevée, une pression élevée, un pH acide, une température extrême, créant un environnement distinctif pour les bactéries marines, y compris les actinomycètes, qui produisent des métabolites secondaires uniques et nouveaux. La côte est de la Malaisie péninsulaire comprend trois États, à savoir Pahang, Terengganu et Kelantan, qui sont tous bordés par la mer de Chine méridionale à l'est. Les îles Perhentian et Redang à Terengganu, par exemple, sont célèbres pour leurs îles et leurs plages vierges qui constituent des attractions touristiques. La côte est de la Malaisie péninsulaire présente un grand potentiel en tant que nouvelle ressource d'actinomycètes très diversifiés qui peuvent être exploités pour la découverte de produits naturels. Cette revue discute de l'état actuel de la recherche menée sur la diversité des actinomycètes et les capacités biosynthétiques des eaux côtières de la côte Est de la Malaisie péninsulaire.

Actinomycètes
Le nom actinomycète dérive du grec ancien ἀκτίς *(aktís,* " rayon ") et μύκης *(múkēs,* " champignon ou mycète ") après la formation du mycélium et la croissance induite par l'extension de l'extrémité des hyphes. Les actinomycètes constituent un groupe important et diversifié de bactéries Gram-positives dont le génome présente un rapport élevé entre la guanine et la cytosine (G+C > 55 % mol). Ce sont des bactéries aérobies, à croissance lente et non mobiles, généralement caractérisées par la formation de filaments filiformes ou d'hyphes (Chaudhary et al., 2013 ; Goodfellow et Williams, 1983). Les actinomycètes jouent un rôle essentiel dans le cycle des nutriments et la minéralisation des matières organiques et dans le sol, en particulier dans la rhizosphère (Murphy, 2007). Sur le plan taxonomique, les actinomycètes font partie de la classe des actinobactéries et de l'ordre des actinomycétales (Goodfellow et Fiedler, 2010). Les actinomycètes comprennent 14 sous-ordres, 44 familles et plus de 200 genres avec plus de 3000 espèces de bactéries. Les membres de l'ordre des Actinomycetales ont été signalés comme l'un des groupes de taxons les plus distribués dans le domaine des bactéries, sur la base de leur modèle de ramification tel qu'il est déduit dans l'arbre du gène de l'ARNr 16S (Ventura et al., 2007 ; Zhi et al., 2009). Il convient de noter que l'expression actinobactéries désigne les membres du phylum Actinobacteria tandis que le terme actinomycètes désigne spécifiquement les souches classées dans l'ordre des Actinomycetales (Goodfellow et Fiedler, 2010). Les actinomycètes peuvent être classés en deux grands groupes : le groupe dominant et le groupe des actinomycètes rares (Azman et al., 2015). Dans l'habitat naturel, *Streptomyces* et *Micromonospora* sont parmi les genres dominants d'actinomycètes (Genilloud et al. 2011) avec plus de 900 et 140 espèces décrites respectivement (www.bacterio.net). D'autre part, des genres comme *Actinoplanes, Dactylsporangium, Kineosporia, Microbispora* et *Virgosporangium*, qui ont des taux d'isolement plus faibles et sont plus difficiles à cultiver en raison de leur croissance extrêmement lente, sont connus comme des actinomycètes rares (Subramani et Sipkema, 2019 ; Subramani et Aalbersberg, 2013 ; Tiwari et Gupta, 2013).

Les actinomycètes sont également connus pour leur importance économique en raison de leur grande diversité métabolique. Ils ont été exploités commercialement pour la production de diverses enzymes industrielles, notamment l'amylase, la cellulose, la xylanase, les protéases et la pectinase (Saini et *al* , 2015). Les enzymes produites par les actinomycètes ont non seulement une importance biotechnologique mais peuvent être rentables car leur production peut être effectuée par des substrats bon marché. Les actinomycètes possèdent également un potentiel d'application dans la biorémédiation des sols (Timkova et al. 2018), la biotransformation et la biodégradation de contaminants tels que les pesticides (Serrano-Gonzalez et al. 2018). Ils ont été les sources les plus importantes de métabolites secondaires bioactifs, dont beaucoup ont une importance médicale en tant qu'antibiotiques, antiviraux, antiparasitaires, antipaludéens, antitumoraux et agents immunosuppresseurs (Jose et Jha 2016 ; Demain et Sanchez, 2009). Le genre *Streptomyces est* à lui seul le plus excellent producteur, avec plus de 10 400 métabolites secondaires antimicrobiens caractérisés, suivi des souches de *Micromonospora* (Berdy, 2012). La capacité des souches de *Streptomyces* à produire des composés bioactifs, notamment des antibiotiques, reste incomparable, probablement en raison de leur complément d'ADN extra-large (Kurtboke, 2012). Les actinomycètes rares représentaient environ 26% des composés antimicrobiens avec plus de 50 taxons d'actinomycètes rares ont été signalés comme les producteurs de 2500 composés antimicrobiens (Azman et al. 2015 ; Subramani et Aalbersberg, 2013). Les membres du genre *Actinomadura, Actinoplanes, Saccharopolyspora* et *Streptoverticillium* sont les producteurs les plus fréquents parmi les groupes d'actinomycètes rares, chacun produit des centaines d'antibiotiques

(Subramani et Aalbersberg, 2013),

Isolement sélectif des actinomycètes
L'un des facteurs influençant le succès de l'obtention de divers actinomycètes réside dans la méthode d'isolation sélective appliquée. Il n'est pas possible de développer une procédure unique pour l'isolement de différents types d'actinomycètes habitant des échantillons environnementaux spécifiques en raison de leurs diverses exigences d'incubation et de croissance (Goodfellow, 2010). Par conséquent, de nombreuses approches qui incluent l'utilisation de procédures de prétraitement et de milieux d'isolement ont été proposées pour l'isolement de vastes groupes de taxons d'actinomycètes (Hames et Uzel, 2012). Divers prétraitements peuvent être employés pour sélectionner différentes fractions de la communauté d'actinomycètes présente dans les échantillons environnementaux (Zainal Abidin et al. 2015 ; Naikpatil
et Rathod, 2011). En général, les régimes de prétraitement sélectionnent les actinomycètes cibles en éliminant la croissance des microorganismes indésirables (Goodfellow et Fiedler, 2010 ; Goodfellow, 2010). Les spores d'actinomycètes sont plus résistantes à la dessiccation que les autres bactéries. Ainsi, le séchage à l'air des échantillons de sédiments à température ambiante inhibe la colonisation des bactéries indésirables qui pourraient envahir les plaques d'isolement (Hong *et al.*, 2009). La résistance des propagules d'actinomycètes à la dessiccation est généralement associée à leur résistance à la chaleur. La raison principale de cette résistance à la chaleur n'est pas claire, mais il est évident que le chauffage avant l'inoculation stimule la germination des spores d'actinomycètes (Hames et Uzel, 2012). Il a été signalé que de nombreuses spores d'actinomycètes (par exemple, *Micromonospora* et *Microbispora*), des vésicules de spores (par exemple, *Streptosporangium* et *Dactylsporangium*) et des fragments d'hyphes (par exemple, *Rhodococcus*) sont plus résistants à la chaleur que les procaryotes Gram-négatifs (Hames et Uzel, 2012). Les procédures de prétraitement par chauffage entraînent généralement une réduction du rapport entre les bactéries indésirables et les actinomycètes sur les plaques d'isolement, même si le nombre d'actinomycètes peut également diminuer (Goodfellow, 2010). L'utilisation de prétraitements chimiques peut encore améliorer leur sélectivité, comme le montre l'application de chlorure de benzéthonium pour l'isolement d'actinomycètes rares (Bredholt et al., 2008).

D'innombrables milieux d'isolement ont été conçus et proposés pour l'isolement des actinomycètes. La plupart des milieux d'isolement ont été formulés de manière empirique sans tenir compte des préférences nutritionnelles des organismes cibles. La plupart d'entre eux ont un rapport carbone/azote élevé car ils contiennent des sources complexes de carbone et d'azote (par exemple, amidon, extrait de malt, acide humique, caséine et xylane) (Hames et Uzel, 2012). Ces milieux d'isolement favorisent la croissance des actinomycètes par rapport aux bactéries communes qui sont incapables de métaboliser les polymères organiques de haut poids moléculaire. Les agents antimicrobiens, notamment l'actidione, le cycloheximide, la nystatine et la primaricine, constituent une approche efficace pour augmenter la sélectivité des milieux d'isolement (Liu et al. 2019 ; Khanna *et al.* 2011). L'utilisation de ces antibiotiques peut être considérée comme une pratique standard pour réduire la croissance des contaminants fongiques. Le fait d'imiter l'habitat naturel est l'un des critères importants pour réussir l'isolement des actinomycètes dans le milieu naturel (Goodfellow et Fiedler, 2010). La préparation de milieux d'isolement utilisant de l'eau de mer naturelle peut être cruciale pour l'isolement sélectif des actinomycètes d'origine marine (Mincer et al., 2002 ; Zainal Abidin et al. 2015).

Gènes de biosynthèse
Un large éventail de composés biologiquement actifs ayant des applications agricoles, médicinales et biotechnologiques sont principalement régis par deux gènes de biosynthèse remarquablement connus sous le nom de polycétide synthases nonribosomales (NRPS) et de polycétide synthases de type I (PKS-I) (Ayuso-Sacido et Genilloud, 2005 ; Gontang et al., 2010). Ces métabolites bioactifs de structure diverse comprennent des antibiotiques (par exemple, l'érythromycine, la nystatine, la pénicilline et la vancomycine), des agents antitumoraux (par exemple, l'ansamitocine et la bléomycine) et des agents immunosuppresseurs (par exemple, la rapamycine). Les voies de biosynthèse NRPS et PKS-I ont été

largement décrites non seulement chez les actinomycètes, mais aussi chez les cyanobactéries (Fidor et al., 2019) et les champignons filamenteux (Theobald et al., 2019). Sur le plan structurel, les NRPS et les PKS-I sont des polypeptides multifonctionnels codés par un nombre variable de modules aux activités enzymatiques multiples. Chaque module PKS-I contient 3 domaines correspondant à une cétosynthase, une acyltransférase et des protéines porteuses d'acyle. Ces domaines jouent un rôle important dans la synthèse programmée de nouvelles chaînes polycétides. De même, les modules NRPS codent les activités correspondant aux étapes d'adénylation, de condensation et de thiolation lors de la reconnaissance et de la condensation du substrat. Les gènes NRPS synthétisent des métabolites qui présentent un remarquable spectre d'activités, construits à partir de blocs de construction sélectionnés individuellement (Jimenez et al., 2010). Les composés synthétisés par les gènes NRPS sont souvent de structure cyclique et peuvent être distingués par la présence de D-aminoacides ramifiés non protéinogènes (Miller *et al.*, 2016).

L'annotation des groupes de gènes biosynthétiques compléterait les données des essais biologiques, permettant la manipulation des conditions de culture pour stimuler l'expression du métabolite bioactif (Jimenez et al., 2010). La prédiction de métabolites bioactifs par l'exploration du génome de *Salinispora tropica* a conduit à l'isolement et à l'identification du Salinilactam A (Udwary et al., 2007), et de même, l'exploration du génome de deux souches différentes de *Streptomyces* qui ont un groupe de gènes biosynthétiques similaire a conduit à la découverte de 3 nouveaux polykétides (Banskota *et al.*, 2007),
2006). L'exploration du génome d'une souche rare d'actinomycète marin *Streptosporangium* a conduit à la découverte de polyphénols pentangulaires, les hexaricines A-C (Tian et al. 2016). Par conséquent, la recherche de gènes de biosynthèse NRPS et PKS-I chez les actinomycètes peut être utile pour déterminer le potentiel éventuel des matériaux biologiques (Liu et al. 2019 ; Zainal Abidin et al. 2018). Les résultats positifs d'un criblage basé sur la PCR fournissent non seulement la preuve de la production des métabolites correspondants, mais peuvent également indiquer l'existence d'autres voies métaboliques de synthèse de métabolites secondaires (Ayuso-Sacido et Genilloud, 2005 ; Lee et al. 2014). Cependant, l'absence de fragments de gènes détectables ne prouve pas définitivement l'absence des groupes de gènes biosynthétiques respectifs, car il existe également d'autres métabolites et d'autres voies de biosynthèse, comme le reflètent les génomes des actinomycètes (Kouadri et al. 2014 ; Zainal Abidin et al. 2018).

Diversité et bioactivité des actinomycètes de Pahang, Terengganu et Kelantan
Parmi les trois états, Pahang a été le plus prolifique en termes de recherches effectuées sur les actinomycètes des environnements d'eau côtière. L'un des points chauds de la recherche sur les actinomycètes est la forêt de mangrove de Tanjung Lumpur dans la ville de Kuantan. Application de prétraitements sélectifs sur les échantillons de sédiments de mangrove en utilisant une solution de phénol (1.5%, 30 min à 30°C) ou de la chaleur humide dans de l'eau stérilisée (15 min à 50°C) a conduit à la récupération de *Streptomyces, Mycobacterium, Leifsonia, Microbacterium, Sinomonas, Nocardia, Terrabacter, Streptacidiphilus, Micromonospora, Gordonia,* et *Nocardioides* à cet endroit ainsi que plusieurs nouveaux genres et nouvelles espèces possibles (Lee et al. 2014a). En outre, la détection de PKS-I, PKS-II et NRPS, et l'évaluation de l'activité antimicrobienne ont également été menées sur les actinomycètes isolés. Un certain nombre d'actinomycètes ont montré la présence d'au moins un gène biosynthétique (PKS-I/PKS-II/NRPS) testé et une espèce de *Nocardia* qui est étroitement liée à *Nocardia Africana* s'est avérée contenir tous les gènes biosynthétiques (PKS-I, PKS-II et NRPS). Quelques isolats de *Streptomyces* ont présenté une activité antibactérienne contre *S. aureus* résistant à la méthicilline (MRSA) et un isolat particulier de *Streptomyces* a présenté un large spectre d'activité antimicrobienne qui représentait une nouvelle espèce nommée *Streptomyces pluripotens* sp. nov. (Lee et al. 2014b). En conséquence, deux nouveaux genres ont été décrits, à savoir *Mumia flava* gen. nov. sp. nov (Lee et al. 2014c), et *Monashia flava* gen. nov., sp. nov. (Azman et al. 2016), suivie de la description de plusieurs espèces nouvelles - *Microbacterium mangrovi* sp. nov. (Lee et al. 2014d), *Sinomonas humi* sp. nov (Lee et al. 2015), *Streptomyces gilvigriseus* sp. nov (Ser et al. 2015a), *Streptomyces mangrovisoli* sp. nov. (Ser et al. 2015b), *Streptomyces antioxidans* sp. nov. (Ser et al.

2016a), *Streptomyces malaysiense* sp. nov. (Ser et al. 2016b) et *Streptomyces humi* sp. nov. (Zainal et al. 2016). Suite à la découverte de nouveaux actinomycètes rares de cet endroit, le dépistage des activités antibactériennes, anticancéreuses et neuroprotectrices a été effectué sur *Microbacterium mangrove, Sinomonas humi* et *Monashia flava* avec des résultats remarquables. Les extraits méthanoliques de *M. mangrove, S. humi* et *M. flava* ont montré des effets bactériostatiques tandis que l'extrait de *M. mangrove* a démontré des propriétés neuroprotectrices significatives dans des modèles de stress oxydatif et de démence. De plus, l'extrait de *M. flava* était capable de protéger les cellules neuronales SHSY5Y dans le modèle d'hypoxie. De plus, les extraits de *M. mangrovi* et *M. flava* ont montré des effets anticancéreux contre les lignées cellulaires de carcinome cervical humain (Ca Ski) (Azman et al. 2017). Une enquête plus approfondie sur l'extrait de *Streptomyces gilvigriseus* a indiqué une activité antioxydante significative et un effet cytotoxique contre les lignées cellulaires de cancer du côlon et cette activité pourrait être attribuée aux dipeptides cycliques présents dans l'extrait (Ser et al. 2018).

De même, Mohamad et al. (2015) ont identifié 6 *Streptomyces*, 2 *Micromonospora* et 2 *Rhodococcus*, dont un *Streptomyces* présentant une large activité antimicrobienne à Tanjung Lumpur, y compris plusieurs bactéries pathogènes - *K. pneumoniae, S. thypimurium* et *S. pyogenes. Le* programme de bioprospection des actinomycètes sur 7 sites de la forêt de mangrove de Kuantan a révélé une grande diversité d'actinomycètes aux propriétés antimicrobiennes élevées. Bien que les genres *Streptomyces* et *Micromonospora* aient dominé la population d'actinomycètes, d'autres groupes d'actinomycètes appartenant à des actinomycètes rares ont également été atteints. Les membres des genres rares isolés avec succès incluent *Pseudonocardia* sp., *Verrucosispora* sp., *Nocardiopsis* sp., *Actinophytocola* sp., *Dietzia* sp., *Gordonia* sp., *Micrococcus* sp., *Mycobacterium* sp, *Nocardia* sp., *Saccharopolyspora* sp. et *Rhodococcus* sp. De rares souches d'actinomycètes - *Pseudonocardia* sp., *Nocardiopsis* sp. et *Actinophytocola sp.* ont également démontré des activités antimicrobiennes à côté des souches de Nocardia sp. et de Nocardiopsis sp.
souches de *Streptomyces* (Abdul Malek et al. 2015, Zainal Abidin et al. 2018). Outre les isolats de *Streptomyces* et de *Micromonospora* qui présentent la présence de gènes PKS-I et/ou NRPS, plusieurs actinomycètes rares - *Actinophytocola, Gordonia, Pseudonocardia, Rhodococcus* et *Verrucosispora* - ont également fait des observations similaires.

Un isolat d'intérêt particulier, *Actinophytocola* sp. K4-08 qui a été récupéré par un prétraitement à la chaleur sèche 120°C, 60 min sur milieu ISP4. Cet actinomycète était étroitement lié à *A. sediminis* (99% de similarité) qui avait été précédemment trouvé dans les sédiments des eaux profondes de la mer de Chine méridionale. Cet isolat possédait les gènes de biosynthèse NRPS et PKS-I et présentait une activité antimicrobienne prometteuse contre les organismes testés. L'évaluation des activités antimicrobiennes et des capacités de biosynthèse du genre *Actinophytocola* n'a jamais été rapportée auparavant, faisant de cet isolat un candidat prometteur à exploiter pour la découverte de produits naturels. En outre, plusieurs actinomycètes ont été trouvés pour produire des pigments diffusibles colorés (Figure 1). La production de pigment diffusible est généralement liée à la libération de mélanine dans le milieu et les pigments jouent un rôle important dans la survie et la croissance des actinomycètes (Parungao et al. 2007). Occasionnellement, d'autres couleurs de pigments ont également été signalées, comme le jaune, le vert et le bleu, et parfois ces pigments présentent des activités antimicrobiennes. Outre le brun et le noir, qui sont les pigments diffusibles les plus courants obtenus à partir d'actinomycètes, des pigments diffusibles de couleur bleue, orange, rose, violette et jaune ont été signalés dans leur étude. De plus, l'extrait d'acétate d'éthyle du pigment violet possède une forte activité inhibitrice contre *B. subtilis, S. aureus* et *S. marcescens.*

Le lieu suivant dans le Pahang est l'île de Tioman qui est entourée par la mer de Chine méridionale et considérée comme une source inexploitée d'actinomycètes marins rares. Sabaratnam et al. (2008) ont rapporté divers actinomycètes isolés d'éponges marines collectées dans l'île de Tioman et ont identifié de manière putative les isolats sélectionnés comme *Actinoplanes* spp, *Micromonospora* spp, *Nocardia* spp, *Polymorphospora* spp, *Pseudonocardia* spp, *Rhodococcus* spp, *Saccharomonospora* spp.,

Salinispora spp., *Sprilliplanes* spp. et *Verrucosispora* spp. Dans une étude plus récente réalisée par Ng et Tan (2018) sur des sédiments marins prélevés sur le récif du Pirate, sur l'île de Tioman, les analyses des séquences du gène de l'ARNr 16S ont indiqué des relations étroites avec les membres de 18 genres : *Actinomadura, Agromyces, Jishengella, Marinactinospora, Micromonospora, Mycobacterium, Nocardia, Nocardiopsis, Nonomuraea, Plantactinospora, Pseudonocardia, Rhodococcus, Saccharomonospora, Saccharopolyspora, Salinispora, Streptomyces* et *Streptosporangium*. En outre, près de la moitié des isolats récupérés étaient des *Streptomyces* spp. (47,97 %) et des *Salinispora* spp. (23,58 %), respectivement. Cette étude a été suivie par la description du nouveau genre *Marinitenerispora sediminis* gen. nov., sp. nov. et cette bactérie possède également une activité inhibitrice contre B. *subtilis, S. aureus* et *E. coli* (Ng et al. 2019). Une autre recherche sur les actinomycètes menée par Zainal Abidin (2013) a signalé la présence d'isolats de *Streptomyces* et de *Salinispora* dans les sédiments marins de l'île de Tioman (figure 2). Les isolats de *Streptomyces* ont montré une forte activité antimicrobienne et l'isolat de *Salinispora* a montré une forte activité antibactérienne contre le SARM pathogène. Un isolat particulier de *Streptomyces* était capable de tolérer jusqu'à 12% de NaCl, ce qui indique son adaptation à l'environnement marin. L'île de Tioman semble être un point chaud pour les souches de *Salinispora*, comme le démontrent plusieurs études indiquant la présence de cet actinomycète marin obligatoire comme actinomycète indigène dans les sédiments marins de l'île de Tioman. Un autre endroit de Pahang est Cherating, où Ariffin et al. (2017) ont isolé avec succès *Streptomyces* de la zone de mangrove située ici. Des études approfondies sur les actinomycètes dans les localités de Pahang, couplées à la récupération d'actinomycètes rares et à la description de nouveaux genres et espèces, illustrent davantage le véritable potentiel des eaux côtières de Pahang en tant que nouvelles ressources d'actinomycètes ayant des capacités de biosynthèse.

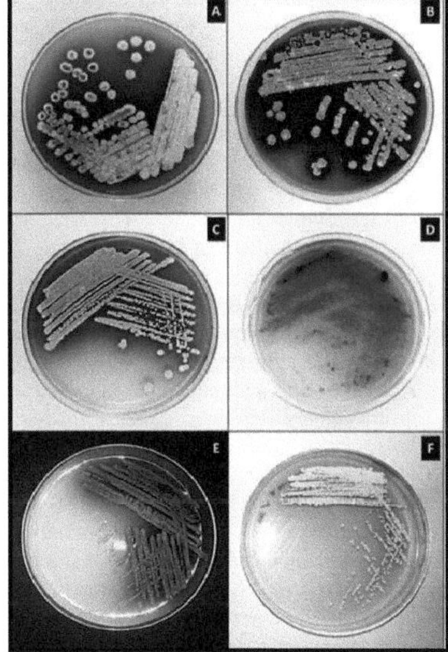

Fig. 1 : Pigment coloré diffusible provenant d'actinomycètes de la forêt de mangrove de Kuantan.

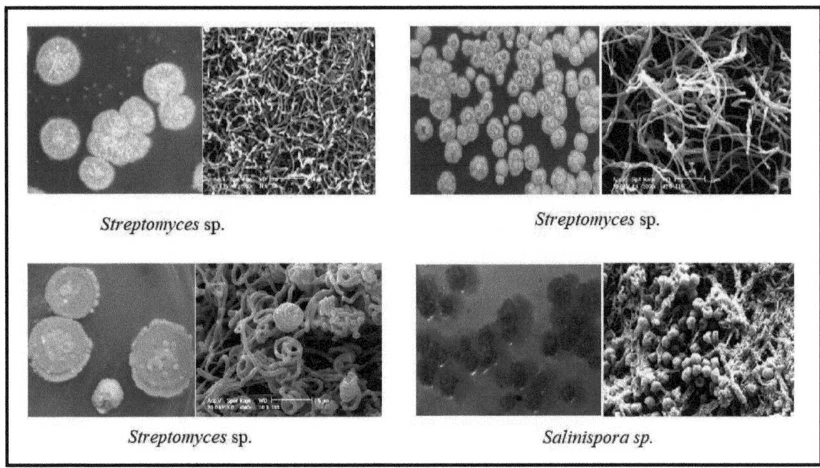

Fig. 2 : Morphologies des colonies et micrographies SEM des actinomycètes de l'île de Tioman.

Cependant, peu d'études ont été menées sur les actinomycètes des eaux côtières Terengganu et Kelantan. Ariffin et al. (2017) ont isolé un total de 11 isolats d'actinomycètes de la plage de Chendering dans Terengganu et

7 actinomycètes provenant de sédiments de mangrove sur la plage de Tok Bali, Kelantan, bien que leurs identités n'aient pas été déterminées. Un autre endroit dans le Terengganu est l'île de Bidong. Cette île était auparavant un camp de réfugiés pour les Vietnamiens et elle a été ouverte aux touristes après le rapatriement de tous les réfugiés au Vietnam. Récemment, des bactéries cultivables associées à différentes espèces d'éponges de mer collectées à côté de l'île de Bidong ont retrouvé *Brevibacterium* et *Kytococcus* parmi la population de bactéries identifiées (Tan et al. 2018). Ensuite, une étude portant sur les bactéries associées au mucus du corail *Acropora cervicornis*, également sur l'île de Bidong, a permis de découvrir *Actinomyces, Micrococcus varians, Micrococcus roseus* et *Micrococcus* sp. ainsi que d'autres groupes de bactéries (Kalimuthu et al. 2007). Certainement, il y a d'autres recherches dirigées dans l'isolement et la diversité d'actinomycètes dans les états de Kelantan et Terengganu mais encore à rapporter. Incontestablement, les eaux côtières situées à Kelantan et Terengganu ont le potentiel d'être de nouvelles ressources d'actinomycètes avec des composés potentiellement nouveaux qui n'attendent que d'être explorés et découverts. Le tableau 1 résume la diversité des actinomycètes et leurs bioactivités en fonction de chaque état - Pahang, Terengganu et Kelantan. En effet, les eaux côtières de la côte Est de la Malaisie péninsulaire ont le potentiel d'être explorées comme une nouvelle ressource d'actinomycètes. Peut-être qu'un effort concerté et stratégique de la part de divers groupes de recherche, en particulier sur la bioprospection des actinomycètes sur ces sites, pourrait produire de nouvelles souches et conduire à la découverte de composés bioactifs uniques.

Tableau 1 : Résumé des actinomycètes de l'eau côtière de Pahang, de Terengganu et de l'Ouganda.
Kelantan

État	Genre	Bioactivité	Référence
	Tanjung Lumpur *Streptomyces, Mycobacterium, Leifsonia, Microbacterium, Sinomonas, Nocardia, Terrabacter, Streptacidiphilus, Micromonospora, Rhodococcus, Gordonia, Nocardioides, Mumia flava, Monashia flava*	Activités antibactériennes, anticancéreuses, antioxydantes et neuroprotectrices.	Lee et al. (2014a) ; Lee et al. (2014b) ; Lee et al. (2014c) ; Lee et al. (2014d) ; Azman et al. (2016) ; Mohamad et al. (2015) ; Ser et al. (2015a) ; Ser et al. (2015b) ; Ser et al. (2016a) ; Ser et al. (2016b) ; Zainal Abidin et al. (2016) ; Azman et al. (2017) ; Ser et al. (2018).
Pahang	**Forêt de mangrove de Kuantan** *Pseudonocardia, Verrucosispora, Nocardiopsis, Actinophytocola, Dietzia, Gordonia, Micrococcus, Mycobacterium, Nocardia, Saccharopolyspora, Rhodococcus, Pseudonocardia, Nocardiopsis, Actinophytocola.* **Île de Tioman** *Actinoplanes, Micromonospora, Nocardia, Polymorphospora, Pseudonocardia,*	Antimicrobien	Abdul Malek et al. (2015) ; Zainal Abidin et al. (2018)
	Rhodococcus, Saccharomonospora, Salinispora, Sprilliplanes, Verrucosispora, Actinomadura, Agromyces, Jishengella, Marinactinospora, Mycobacterium, Nocardiopsis, Nonomuraea, Plantactinospora, Saccharopolyspora, Streptosporangium, Streptomyces, Marinitenerispora sediminis. **Cherating** *Streptomyces*	Antimicrobien Antibactérien	Sabaratnam et al. (2008) ; Zainal Abidin (2013) ; Ng & Tan (2018) ; Ng et al. (2019). Ariffin et al. (2017)

Terengganu	**Île de Bidong** *Brevibacterium, Kytococcus, Actinomyces, Micrococcus*	Non déterminé	Kalimuthu et al. (2007) ; Tan et al. (2018)
	Chendering Inconnu	Antibactérien	Ariffin et al. (2017)
Kelantan	**Plage de Tok Bali** Inconnu	Non déterminé	Ariffin et al. (2017)

CONCLUSION

La description d'un nouveau genre et d'une nouvelle espèce dans les eaux côtières de la côte est de la Malaisie péninsulaire a démontré la perspective des actinomycètes des eaux côtières de Pahang, Terengganu et Kelantan et leur application potentielle possible dans la découverte de produits naturels. Bien que les études sur les actinomycètes de ces états manquent encore, néanmoins, ces endroits ont le potentiel d'être des points chauds pour de nouveaux actinomycètes et de nouveaux composés. La recherche sur les actinomycètes devrait aller au-delà de la diversité et des activités de criblage biologique, mais aussi tenter de purifier et d'élucider la structure des composés bioactifs, ainsi qu'emprunter de nouvelles voies telles que l'exploration du génome, le séquençage de nouvelle génération (NGS), la métabolomique et la protéomique pour révéler les voies cryptiques de biosynthèse dans la production de métabolites secondaires.

RÉFÉRENCES

Abdul Malek, N., Zainuddin, Z., Chowdhury, A.J.K., Zainal Abidin, Z.A. (2015). Diversité et activité antimicrobienne des actinomycètes de sol de mangrove isolés de Tanjung Lumpur, Kuantan, *Jurnal Teknologi*, 77(25), 37-43.

Ariffin, S., Abdullah, M.F.F., Mohamad, S.A.S. (2017). Identification et propriétés antimicrobiennes des actinomycètes de mangrove malaisiens, *Int. J. on Advanced Science Engineering Information Technology*, 7(1), 71-77.

Ayuso-Sacido, A. et Genilloud, O. (2005). New PCR Primers for the screening of NRPS and PKS-I systems in actinomycetes : detection and distribution of these biosynthetic gene sequences in major taxonomic groups, *Microbial Ecology*, 49, 10-24.

Azman, A. S., Iekhsan, O., Velu, S. S., Chan, K. G. et Lee, L. H. (2015). Mangrove rare actinobacteria : taxonomy, natural compound, and discovery of bioactivity, *Frontiers in Microbiology*, 6, 85601- 85615.

Azman, A. S., Zainal, N., Ab Mutalib, N.S., W.F. Chan, K. G. et Lee, L.H. (2016). *Monashia flava* gen. nov., sp. nov., une actinobactérie de la famille des Intrasporangiaceae, *Int J Syst Evol Microbiol,* 66, 554-561.

Azman, A. S., Othman, I., Fang, C.M., Chan, K. G., Goh, B.H., Lee, L.H. 2017. Activités antibactériennes, anticancéreuses et neuroprotectrices de rares actinobactéries provenant de sols de forêts de mangroves, *Indian J Microbiol,* 57(2),177-187.

Berdy, J. (2005). Bioactive microbial metabolites, *The Journal of Antibiotics*, 58,1-26.

Bredholt, H., Fjaervik, E., Johnsen, G. et Zotchev, S. B. (2008). Actinomycetes from sediments in Trondheim Fjord, Norway : diversity and biological activity, *Marine Drugs*, 6, 12-24.

Chaudhary, H. S., Soni, B., Shrivastava, A. R. et Shrivastava, S. (2013). Diversité et polyvalence des actinomycètes et son rôle dans la production d'antibiotiques, *Journal of Applied Pharmaceutical Science*, 3 : S83-S94.

Demain, A. L. et Sanchez, S. (2009). Microbial drug discovery : 80 years of progress. *The Journal of Antibiotics*, 62 : 5-16.

Fidor, A., Konkel, R. et Mazur-Marzec, H. (2019). Peptides bioactifs produits par les cyanobactéries du genre Nostoc : A Review, *Mar. Drugs,* 17, 561 doi:10.3390/md17100561.

Genilloud, O., Gonzalez, I., Salazar, O., Martin, J., Tormo, J. R. et Vicente, F. (2011). Current approaches to exploit actinomycetes as a source of natural products, *Journal of Industrial Microbiology and Biotechnology*, 38, 375-389.

Gontang, A. E., Gaudencio, S. P., Fenical, W. et Jensen, P. R. (2010). Sequence-based analysis of secondary-metabolite biosynthesis in marine actinobacteria, *Applied and Environmental Microbiology*, 76, 2487-2499.

Goodfellow, M. (2010). Isolation sélective des actinobactéries. *Dans* Baltz, D. R. H. et Davies, J. (Eds.), *Manual of Industrial Microbiology and Biotechnology.* (^{3e} éd., pp. 13-27). Washington DC : ASM Press.

Goodfellow, M. et Fiedler, H. P. (2010). A guide to successful bioprospecting : informed by actinobacterial systematics, *Antonie Van Leeuwenhoek*, 98, 119-142.

Goodfellow, M. et Williams, S. T. (1983). Ecology of actinomycetes, *Annual Review of Microbiology*, 37, 189-216.

Hames, E. E. et Uzel, A. (2012). Stratégies d'isolement des actinomycètes d'origine marine à partir d'échantillons d'éponges et de sédiments, *Journal of Microbiological Methods*, 88, 342-347.

Hong, K., Gao, A. H., Xie, Q. Y., Gao, H., Zhuang, L., Lin, H. P., Yu, H. P., Li, J., Yao, X. S., Goodfellow, M. et Ruan, J. S. (2009). Actinomycetes for marine drug discovery isolated from mangrove soils and plants in China, *Marine Drugs*, 7, 24-44.

Jeffrey, L. S. H., Sahilah, A. M., Son, R. et Tosiah, S. (2007). Isolation and screening of actinomycetes from Malaysian soil for their enzymatic and antimicrobial activities, *Journal of Tropical Agriculture and Food Science*, 1, 159-164.

Jeffrey, L. S. H. (2008). Isolation, caractérisation et identification des actinomycètes des sols agricoles à Semongok, Sarawak. *African Journal of Biotechnology*, 7, 3697-3702.

Jeffrey, L. S. H. (2011). Présélection des bioactivités des actinomycètes isolés du sol tourbeux forestier de Sarawak, *Journal of Tropical Agriculture and Food Science*, 39, 245-253.

Jeffrey, L. S. H. et Halizah, H. (2014). Composés biologiques actifs provenant d'actinomycètes isolés du sol de l'île de Langkawi, Malaisie, *African Journal of Biotechnology*, 13, 4523-4528.

Jimenez, J. T., Sturdikova, M. et Sturdik, E. (2010). Bioactive marine and terrestrial polyketide and peptide secondary metabolites and perspectives of their biotechnological production, *Acta Chimica Slovaca*, 3, 103-119.

Jose, P.A. et Jha, B. (2016). Nouvelles dimensions de la recherche sur les actinomycètes : Quest for Next Generation Antibiotics, *Front. Microbiol.* 7:1295. doi : 10.3389/fmicb.2016.01295.

Kalimutho, M., Ahmad, A. et Kassim, Z. (2007). Isolation, caractérisation et identification des bactéries associées au mucus du corail *Acropora cervicornis* de l'île de Bidong, Terengganu, Malaisie, *Malaysian Journal of Science* 26 (2), 27 - 39.

Khanna, M., Solanki, R. et Lal, R. (2011). Isolation sélective d'actinomycètes rares produisant de nouveaux composés antimicrobiens, *International Journal of Advanced Biotechnology and Research*, 2, 357- 375.

Kouadri, F. ; Al-Aboudi, A., et Jorani, H.K., (2014). Activité antimicrobienne des Streptomyces sp. isolés du golfe d'Aqaba-Jordanie et dépistage des gènes NRPS, PKS-I et PKS-II, *African Journal of Biotechnology,* 13(34), 3505-3515.

Kurtboke, D. I. (2012). Biodiscovery from rare actinomycetes : an eco-taxonomical perspective, *Applied Microbiology and Biotechnology*, 93, 1843-1852.

Lam, K. S. (2006). Discovery of novel metabolites from marine actinomycetes, *Current Opinion in Microbiology*, 9, 245-251.

Lee, L. H., Nurullhudda, Z. Adzzie-Shazleen, A., Eng, S. K., Goh, B. H., Yin, W. F., Nurul-Syakima, A. M. et Chan, K. G. (2014a). Diversité et activités antimicrobiennes des actinobactéries isolées des sédiments de mangrove tropicale en Malaisie, *The Scientific World Journal*, 10, 1-14.

Lee, L. H., Nurullhudda, Z. Adzzie-Shazleen, A., Eng, S. K., Nurul-Syakima, A. M., Yin, W.F. et Chan, K. G. (2014b). *Streptomyces pluripotens* sp. nov, un streptomycète producteur de bactériocine qui inhibe le *Staphylococcus aureus* résistant à la méticilline, *Int J Syst Evol Microbiol*, 64, 3297-3306.

Lee, L. H., Nurullhudda, Z. Adzzie-Shazleen, A., Nurul-Syakima, A. M., Hong, K. et Chan, K. G. (2014c). *Mumia flava* gen. nov., sp. nov., une actinobactérie de la famille des Nocardioidaceae, *Int J Syst Evol Microbiol* 64 : 1461-1467.

Lee, L. H., Adzzie-Shazleen, A., Nurullhudda, Z. Eng, S.K., Nurul-Syakima, A. M., Yin, W.F. et Chan, K. G. (2014). *Microbacterium mangrovi* sp. nov, une actinobactérie amylolytique isolée d'un sol de forêt de mangrove, *Int J Syst Evol Microbiol* 64, 3513-3519.

Lee, L. H., Adzzie-Shazleen, A., Nurullhudda, Z., Yin, W.F., Nurul-Syakima, A. M., et Chan, K. G. (2015). *Sinomonas humi* sp. nov, une actinobactérie amylolytique isolée d'un sol de forêt de mangrove, *Int J Syst Evol Microbiol*, 65, 996-1002.

Liu, T., Wu, S., Zhang, R., Wang, D., Chen, J. et Zhao, J. (2019). Diversité et potentiel antimicrobien des Actinobactéries isolées de diverses éponges marines le long du golfe de Beibu de la mer de Chine méridionale, *FEMS Microbiology Ecology*, 95(7) doi : 10.1093/femsec/fiz089.

Lo, C. W., Lai, N. S., Cheah, H. Y., Wong, N. K. I. et Ho, C. C. (2002). Actinomycetes isolated from soil samples from the Crocker range Sabah, *ASEAN Review of Biodiversity and Environmental Conversation*, 9, 1-7.

Miller, B.R., Drake, E.J, Shi, C., Aldrich, C.C. et Gulick, A.M. (2016). Structures of a Nonribosomal Peptide Synthetase Module Bound to MbtH-like Proteins Support a Highly Dynamic Domain Architecture, *The Journal of Biological Chemistry* 291(43), 22559 -22571.

Mohamad, N.H., Chowdhury, A.J.K. et Zainal Abidin, Z.A. (2015). Isolement sélectif d'Actinomycetes à partir de sédiments de mangrove de Tanjung Lumpur, Kuantan, Malaisie, *Malaysian Journal of Microbiology*, 11(2), 144-155.

Muramatsu, H., Murakami, R., Ibrahim, Z. H., Murakami, K., Shahab, N. et Nagai, K. (2011). Diversité phylogénétique des actinomycètes acidophiles de Malaisie, *The Journal of Antibiotics*, 64, 621-624.

Murphy, D. V., Stockdale, E. A., Brookes, P. C. et Goulding, K. W. T. (2007). Impact des microorganismes sur les transformations chimiques dans le sol. *Dans* Abbot, L. K. et Murphy,

D. V. (Eds.). *A Key to Sustainable Land Use in Agriculture.* ($^{1\text{ère}}$ édition, pp. 37-59). New York : Springer.

Naikpatil, S. V. et Rathod, J. L. (2011). Isolation sélective et activité antimicrobienne d'actinomycètes rares provenant des sédiments de mangrove de Karwar, *Journal of Ecobiotechnology*, 3, 48-53.

Ng, Z.Y. et Tan, G.Y.A. 2018. Isolement sélectif et caractérisation de nouveaux membres de la famille Nocardiopsaceae et d'autres actinobactéries à partir d'un sédiment marin de l'île de Tioman, *Antonie van Leeuwenhoek* 111, 727-742.

Ng, Z.Y., Fang, B.Z., Li, W.J. et Tan, G.Y.A. (2019). *Marinitenerispora sediminis* gen. nov, sp. nov, un membre de la famille Nocardiopsaceae isolé de sédiments marins *Int J Syst Evol Microbiol*, 69, 3031-3040.

Numata, K. et Nimura, S. (2003). Accès aux actinomycètes du sol dans les forêts tropicales humides de Malaisie,
Actinomycetologica, 17, 54-56.

Parungao, M. M., Maceda, E. B. G. et Vilano, M. A. F. (2007). Screening of antibiotic-producing actinomycetes from marine, brackish and terrestrial sediments of Samal Island, Philippines, *Journal of Research in Science, Computing and Engineering*, 4, 29-38.

Sabaratnam, V., Christabel, L.J., Thong, K.L., Tan, G.Y.A., Affendi, Y.A. (2008). Les *éponges de Tioman et leurs habitants actinomycètes.* In : Histoire naturelle du groupe d'îles Pulau Tioman. IOES monograph series. Université de Malaya, Kuala Lumpur, pp. 35-41. ISBN 9789839576351

Saini, A., Aggarwal, N.K., Sharma, A. et Yadav, A. (2015). Actinomycetes : Une source d'enzymes lignocellulolytiques, *Enzyme Research*, 20, 1-15.

Ser, H.L., Zainal, N. Palanisamy, U.D., Goh, B.H., Yin, W.F., Chan, K.G. Lee, L.H. (2015a). *Streptomyces gilvigriseus* sp. nov, une nouvelle actinobactérie isolée du sol de la forêt de mangrove, *Antonie van Leeuwenhoek,* 107,1369-1378.

Ser, H.L., Palanisamy U.D., Yin W.F., Abd Malek S.N., Chan K.G., Goh B.H. et Lee L.H. (2015b). Présence d'un agent antioxydant, Pyrrolo[1,2-a] pyrazine-1,4-dione, hexahydro- dans *Streptomyces mangrovisoli* sp. nov. nouvellement isolé, *Front. Microbiol.* 6, 854. doi : 10.3389/fmicb.2015.00854

Ser, H.L., Tan, L.T.H., Palanisamy, U.D., Abd Malek, S.N., Yin, W.F., Chan, K.G., Goh, B.H. et Lee, L.H. (2016a) *Streptomyces antioxidans* sp. nov, a Novel Mangrove Soil Actinobacterium with Antioxidative and Neuroprotective Potentials, *Front. Microbiol.* 7:899. doi : 10.3389/fmicb.2016.00899

Ser, H.L., Palanisamy, U.D., Yin, W.F., Chan, K.G., Goh, B.H. et Lee, L.H. (2016b). *Streptomyces malaysiense* sp. nov : A novel Malaysian mangrove soil actinobacterium with antioxidative activity and cytotoxic potential against human cancer cell lines, *Scientific Reports* 6, 24247 doi : 10.1038/srep24247.

Ser, H.L., Yin, W.F., Chan, K.G, Goh, B.H., Lee, L.H. 2018. Potentiels antioxydants et cytotoxiques de *Streptomyces gilvigriseus* MUSC 26T isolé du sol de mangrove en Malaisie, *Prog Microbes Mol Biol* 1(1), a0000002.

Serrano-Gonzalez, M.Y., Chandra, R., Castillo-Zacarias, C., Robledo-Padilla, F., Rostro-Alanis, M.J., Parra-Saldivar, R. (2018). Biotransformation et dégradation du 2,4,6-trinitrotoluène par le métabolisme microbien et leur interaction, *Defence Technology,* 14, 151-164.

Subramani, R. et Sipkema, D. (2019). Marine Rare Actinomycetes : A Promising Source of Structurally Diverse and Unique Novel Natural Products, *Marine Drugs*, 17, 249 ; doi:10.3390/md17050249.

Subramani, R. et Aalsberg, W. (2013). Actinomycetes rares cultivables : diversité, isolement et découverte de produits naturels marins, *Applied Microbiology and Biotechnology*, 97, 9291-9321.

Tan, S.M.A., Amirul, A.A., Saidin, J. et Bhubalan, K. (2018). Identification des bactéries cultivables des éponges marines tropicales et leurs potentiels biotechnologiques, *Recherche en sciences de la vie tropicale*, 29(2), 187-199.

Theobald, S., Vesth, T.C. et Andersen, M.R. (2019). Genus level analysis of PKS-NRPS and NRPS-PKS hybrids reveals their origin in Aspergilli, *BMC Genomics,* 20,847.

Tian, J., Chen, H., Guo, Z., Liu, N., Li, J., Huang, Y., Xiang, W. et Chen, Y. (2016). Découverte de polyphénols pentangulaires hexaricines A-C à partir de *Streptosporangium* sp. CGMCC 4.7309 marin par exploration du génome, *Appl Microbiol Biotechnol,* 100, 4189-4199.

Timková, I., Jana Sedláková-Kaduková, J. et Prista, P (2018). Capacités de biosorption et de bioaccumulation des actinomycètes/Streptomycètes isolés de sites contaminés par des métaux, *Separations*, 5(54) ; doi:10.3390/separations5040054.

Ting, A. S. Y., Tan, S. H. et Wai, M. K. (2009). Isolement et caractérisation des actinobactéries ayant une activité antibactérienne à partir du sol et de la rhizosphère. *Australian Journal of Basic and Applied Sciences*, 3, 4053-4059.

Ting, A. S. Y., Hermanto, A. et Peh, K. L. (2014). Indigenous actinomycetes from empty fruit bunch compost of oil palm : evaluation on enzymatic and antagonistic properties, *Biocatalysis and Agricultural Biotechnology*, 3, 310-315.

Tiwari, K. et Gupta, R. K. (2013). Diversité et isolement des actinomycètes rares : un aperçu, *Clinical Reviews in Microbiology*, 39, 256-294.

Ventura, M., Chancaya, C., Tauch, A., Chandra, G., Fitzgerald, G. F., Chater, K. F. et Sinderen, D. V. (2007). Genomics of actinobacteria : tracing the evolutionary history of an ancient phylum, *Microbiology and Molecular Biology Reviews*, 71, 495-548.

Zainal, N., Ser, H.L., Yin, W.F., Tee, K.K., Lee, L.H., Chan, K.G. 2016. *Streptomyces humi* sp. nov, une actinobactérie isolée du sol d'une forêt de mangroves, *Antonie van Leeuwenhoek,* 109, 467-474.

Zainal Abidin, Z.A. Actinomycetes Diversity and Characterisation of Bioactive Compounds of *Streptomyces* from Malaysian Marine Environment. Thèse de doctorat. Universiti Kebangsaan Malaysia. 2013. 247p.

Zainal Abidin, Z.A., Abdul Malek, N., Zainuddin, Z., Chowdhury, A.J.K. (2015). Isolement sélectif et activité antagoniste des actinomycètes de la forêt de mangrove de Pahang, Malaisie, *Frontiers in Life Science*, 9(1), 24-31.

Zainal Abidin, Z.A., Chowdhury, A.J.K., Abdul Malek, N., Zainuddin, Z. (2018). Diversité, capacités antimicrobiennes et potentiel biosynthétique des actinomycètes de mangrove des eaux côtières de Pahang, Malaisie, *Journal of Coastal Research* 82, 174-179.

Zhi, X. Y., Li, W. J. et Stackebrandt, E. (2009). An update of the structure and 16S rRNA gene sequence- based definition of higher ranks of the class *Actinobacteria*, with the proposal of two new suborders and four new families and emended description of the existing higher taxa, *International Journal of Systematic and Evolutionary Microbiology*, 59, 589-608.

Zin, N. M., Sarmin, N. I. M., Ghadin, N., Basri, D. F., Sidik, N. M., Hess, W. M. et Strobel, G. A. (2007). Bioactive endophytic streptomycetes from the Malay Peninsula, *FEMS Microbiology Letters*, 274, 83-88.

Changement climatique et défense côtière en Malaisie : Une étude

Muhammad Zahir Ramli1*, Muhammad Adil Ramzi2, Muhamad Syafiq Safwan2, Nur Adawiyah Isa2, Minhalina Ahmad2, Nur Azierah Samsu Bahari2, Kamaruzzaman, B.Y1

1Département des sciences marines, Kulliyyah of Science, International Islamic University Malaysia, 25200 Kuantan, Pahang, Malaisie.

2Institut d'océanographie et d'études maritimes, Kulliyyah of Science, International Islamic University Malaysia, 25200 Kuantan, Malaisie.

Auteur correspondant : mzbr@iium.edu.my

RÉSUMÉ

Les zones côtières du monde entier sont confrontées à une augmentation de la population en raison du développement et de l'expansion rapides des zones résidentielles, industrielles et touristiques. Environ 50 % de la population mondiale vit dans des zones côtières. Avec le changement climatique actuel, les zones côtières sont exposées à l'élévation du niveau de la mer et aux inondations qui pourraient provoquer des catastrophes dans les régions de faible altitude. De nombreux pays ont élaboré des plans d'atténuation et d'adaptation dont la plupart des approches impliquent la modification du littoral naturel par la construction de défenses côtières. Il existe de nombreuses stratégies clés dans la mise en œuvre de la défense côtière dans le but de réduire ou de minimiser l'impact sur le littoral. Cette étude donne un aperçu des différentes approches de la défense côtière en Malaisie, en se concentrant spécifiquement sur l'érosion ou l'inondation, les conditions morphologiques et l'utilisation des terres. Cet article souligne également les améliorations nécessaires pour résister à l'impact de l'élévation du niveau de la mer. Cette revue sera utile aux chercheurs qui souhaitent explorer les paramètres clés de la conception des structures de défense côtière.

Mots-clés : Changement climatique, défense côtière, érosion, dépassement, gestion côtière.

INTRODUCTION

Les zones côtières sont des environnements vulnérables qui reçoivent continuellement des menaces nuisibles. Ces menaces sont généralement dues au développement massif et à l'urbanisation rapide des zones côtières, ainsi qu'à des phénomènes naturels tels que le changement climatique et l'élévation du niveau de la mer. Dans ce contexte, de nombreuses initiatives ont été prises afin de surmonter les problèmes liés aux zones côtières, en particulier les problèmes d'érosion du littoral. De nombreuses structures de protection côtière ont été développées le long des côtes malaisiennes. Ces structures impliquent à la fois des structures d'ingénierie douce et dure. La construction de ces structures de protection côtière permet principalement de prévenir et de réduire l'érosion et l'inondation des côtes de grande valeur, de stabiliser les plages et les terres récupérées et d'améliorer la valeur d'agrément de la côte. À l'échelle mondiale, la prolifération des structures artificielles de protection côtière dans l'environnement marin est principalement liée à l'adaptation au changement climatique et vise simultanément à répondre à l'augmentation des utilisations commerciales et récréatives des zones côtières.

Cependant, en l'absence d'un plan et d'une conception appropriés avant la construction des structures de protection côtière, ainsi que d'un manque d'entretien, de nombreux problèmes peuvent potentiellement survenir à certaines périodes après la construction. L'un des principaux problèmes est l'interruption du transport des sédiments littoraux, ce qui peut conduire au processus de dépôt des sédiments. En outre, une conception inadéquate peut contribuer à l'effondrement des structures de protection côtière. Par-dessus tout, ces problèmes indiquent la défaillance des structures et posent donc de plus grands défis à la gestion côtière. Par conséquent, cette étude a pour but de discuter de plusieurs éléments, notamment les principales menaces qui pèsent sur les zones côtières, les structures de protection côtière qui ont été construites en Malaisie, les défis auxquels sont confrontées les structures de protection côtière, ainsi que certaines suggestions à appliquer afin de surmonter les défis existants.

Principales menaces pour les zones côtières

Les zones côtières subissent d'énormes changements dus à l'introduction de pressions naturelles et anthropiques. Ces pressions ont directement et indirectement perturbé la stabilité du littoral. L'érosion du littoral est l'une des principales menaces. Le déséquilibre entre l'apport et l'exportation de matériaux, principalement dominés par les sédiments, vers et depuis une zone côtière peut être reconnu comme l'érosion du littoral (Najib, Ab Ghani, Abdullah & Ahmad, 2017). Un littoral érodé peut être généralement détecté par le déplacement vers l'intérieur des terres de la ligne de côte. D'après l'étude nationale sur l'érosion côtière de 1984, environ 29 % des côtes malaisiennes, soit 1 380 km, ont connu des problèmes d'érosion, dont 52 % en Malaisie péninsulaire (ministère des Ressources naturelles et de l'Environnement, 2009). L'urbanisation le long des zones côtières est l'un des principaux facteurs d'érosion. Les zones côtières de la Malaisie sont devenues le centre des activités économiques urbaines et rurales et jusqu'à 70% de la population malaisienne vit dans les zones côtières (Najib et al., 2017).

En outre, les composantes naturelles telles que le vent, les vagues, les marées et les courants font également partie des facteurs qui contribuent à l'érosion côtière. Pendant certains mois de l'année, la Malaisie péninsulaire est particulièrement exposée aux phénomènes liés au vent, connus sous le nom de mousson. Ces phénomènes aggravent les problèmes d'érosion côtière. Une étude montre qu'il y a une augmentation des cas d'érosion côtière en Malaisie péninsulaire de 2013 à 2017 (Yanalagaran, et al. 2019). En général, une corrélation significative peut être observée entre les vitesses moyennes du vent et le nombre de cas d'érosion (figure 1). On constate qu'au mois de février et décembre, les cas les plus élevés d'érosion côtière sont alignés avec la vitesse moyenne du vent la plus rapide. Ces deux mois correspondent à la durée de la saison de la mousson du nord-est, qui va de novembre à mars. D'autre part, pendant la mousson du sud-ouest, qui dure de mai à septembre, on observe le moins de cas d'érosion avec quelques fluctuations. En d'autres termes, la mousson du nord-est a un impact plus important sur l'érosion côtière en Malaisie péninsulaire que la mousson du sud-ouest.

De plus, sur les 14 états de la Malaisie péninsulaire, neuf d'entre eux souffrent de problèmes d'érosion côtière. Ces États comprennent Johor, Melaka, Negeri Sembilan, Kelantan, Pahang, Pulau Pinang, Perak, Selangor et Terengganu (tableau 1). En Malaisie, sur la base de l'étude nationale sur l'érosion côtière de 2015, jusqu'à 44 plages ont subi une érosion dans son ensemble et ont été classées dans la catégorie 1 qui est appelée cas critiques (Department of Irrigation and Drainage Malaysia, 2015).

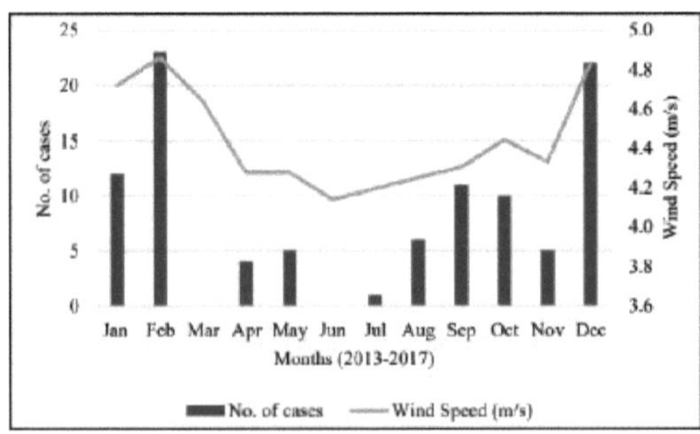

Fig. 1. Graphiques de la vitesse du vent et du nombre de cas d'érosion côtière en Malaisie péninsulaire (Yanalagran et al., 2019).

Tableau 1 : Longueur du littoral érodé dans différentes plages de Malaisie

État	Plage	Longueur du littoral érodé (m)
Kedah	Pantai Pasir Hitam	345.5
	Kampung Penarek	134.1
	Kampung Padang Salin	649.5
Pulau Pinang	Persiaran Bayan Indah	1138.4
	Taman Molek	438.7
	Persiaran Bayan Mutiara	610
	Kampung Benggali	263
	Kampung Kuala Muda	598.1
	À l'ouest de Kampung Benggali	828.1
	Kampung Permatang Rawa	1678.1
Perak	Kuala Kurau	1861
Selangor	Kampung Batu Laut	1384.9
	Pantai Jeram - Pantai Remis	3438.5
Negeri Sembilan	Pantai Teluk Kemang, Batu 8	2314.7
	Taman Tuah Batu	1621.8
	The Regency Tanjung Tuan Beach Resort, Batu 5	459.1
	Kampung Gelam	264
	PD Waterfront	131.9
	Bureau du district de Port Dickson	734.4
Melaka	Kampung Portugis	219.4
Pahang	Pantai Cherating	1004.7
	Taman Gelora	497.6
Terengganu	Kampung Teluk Budu	1763
	Taman Geliga	1921
	Pantai Kemasik	308
	Pantai Seberang Takir	935
	Pantai Teluk Lipat	802
	Pantai Paka (sablière)	2557
	Kampung Pak Tuyu	16426
	Kampung Aur	1657
Kelantan	Pantai Kundor-Pantai Cahaya Bulan	952
	Pantai Mek Mas	997
Sarawak	Nord-est de Sungai Maludam	2286.5
	Au sud de Tanjung Bungai	3557.1
	Tanjung Paloh	3865.2
	Kampung Semarang	3484.2
	Kampung Santubong	408.2
	Kampung Buntal	1527.7
	Sebangan Bajong (Kampung Sungai Rama)	3465.4
Sabah	Jalan Putatan	841.6
	Kampung Marasimsim	814.8
	Tanjung Tunku	1314.4
Pulau Labuan	Pantai Sungai Pagae près de Labuan	597.2

La défense côtière en général

La zone côtière est une zone dynamique très peuplée et généralement active avec des activités économiques telles que des ports, des industries touristiques et d'autres infrastructures. En outre, la zone côtière abrite également de nombreux animaux et plantes marins tels que les mangroves, les coraux, les dugongs et bien d'autres encore. Cependant, les développements le long de la zone côtière exercent aujourd'hui une pression sur la zone. L'érosion côtière est un problème courant dans les zones côtières. Selon Foti et al. (2020), l'érosion côtière est la conséquence des activités humaines et des changements naturels déséquilibrés dus à des actions dynamiques telles que les vagues, les courants et les vents, entraînant un recul et une perte de sédiments dans la zone côtière. En outre, les activités anthropiques telles que les urbanisations, l'extraction de sable et les projets de ressources en eau sont les principaux facteurs de l'érosion côtière, car ces activités perturbent et réduisent le transport des sédiments vers les plages.

Les structures de défense côtière peuvent être classées en deux catégories, à savoir les structures de génie dur et les structures de génie mou. La première catégorie comprend des structures telles que les digues, les épis, les jetées ainsi que les brise-lames (Hamakareem, 2012). Parallèlement, l'installation de structures géotextiles, de récifs artificiels, de pieux hydrauliques, le drainage des plages, le contournement et le rechargement des plages font partie des méthodes courantes appliquées aux ouvrages d'ingénierie douce (Atlantic Network for Coastal Risks Management, 2017). Bien que toutes ces structures jouent un rôle similaire dans la protection des zones côtières fragiles, leur installation varie en fonction des différents besoins et situations.

Rôle de la défense côtière en
Malaisie Peninsular Malaysia
Péninsule de la côte Est

La côte Est de la Malaisie est la région la plus vulnérable à l'érosion par rapport à la côte Ouest, c'est pourquoi davantage de défenses côtières ont été construites dans cette zone. Dans la partie nord de la côte est de la Malaisie, Terengganu est l'un des États les plus touchés pendant la mousson. Le Terengganu a mis en place diverses défenses côtières telles que des brise-lames, des épis et des enrochements. Selon Ariffin *et al.* (2019), le littoral de Kuala Terengganu connaît une saison de mousson annuelle qui nécessite la mise en œuvre de défenses côtières pour protéger la zone côtière de l'érosion. En dehors de cela, les structures côtières construites dans cette région sont aussi pour réduire l'impact du développement côtier. Selon Syakir *et al.* (2020), plusieurs défenses côtières ont été construites à environ 4 km près de Kuala Nerus pour réduire l'impact de l'érosion due au développement de l'aéroport Sultan Mahmud.

Ensuite, Pahang a également mis en œuvre les défenses côtières pour réduire le problème d'érosion qui est principalement dû à la mousson et au fort débit de la rivière Pahang. Selon Amri Mohd *et al.* (2018), la région côtière de Pahang, de Cherating à Pekan, est vulnérable à la mousson du nord-est, tandis que Kuala Pahang a connu un problème d'érosion de niveau 5 en raison de la forte charge sédimentaire de la rivière Pahang. Des brise-lames et des revêtements rocheux ont été construits, en particulier dans le port de Tg Gelang et à Kuala Pahang, où ces deux zones ont subi des dommages importants. En descendant vers la partie sud de la région de la côte est, Tanjung Piai, situé à Johor, présente de gros problèmes d'érosion dus à la navigation et aux activités de développement côtier. Pour freiner l'extension de l'érosion, diverses défenses côtières ont été utilisées, telles que des sacs géotextiles, des revêtements de rochers, des tubes géotextiles et des revêtements de rochers mous. Selon Awang, Jusoh, & Hamid, (2014), une série de défenses côtières ont été mises en œuvre depuis 2003, en commençant par les sacs géotextiles, les digues en 2007 jusqu'à l'enrochement utilisant des roches tendres en 2010, le problème d'érosion sur le site Ramsar est toujours en cours.

Péninsule de la côte Est

La région de la côte ouest de la Malaisie péninsulaire reçoit moins d'impact des vagues en haute mer que la région de la côte est. Cependant, l'érosion côtière de la région de la côte ouest a été signalée en raison de la forte activité de navigation le long du détroit et de l'élimination de la mangrove pour le développement côtier. Selon Shin, Kim, Hakam, & Istijono, (2019), la zone côtière de la côte ouest est dominée par l'habitat de mangrove. Cependant, depuis les années 1980, la quantité de mangrove le long de la côte a diminué en raison du développement côtier qui favorise...
l'érosion côtière. La mise en œuvre des défenses côtières sur la côte ouest s'oriente davantage vers l'ingénierie douce pour soutenir la croissance de la mangrove comme barrière naturelle. En outre, les méthodes conventionnelles telles que les revêtements en béton empêchent effectivement l'érosion côtière, mais elles ne favorisent pas l'alimentation naturelle des sédiments. Par conséquent, une approche d'ingénierie douce est préférable et adaptée aux sédiments plats boueux de la région de la côte ouest. Par exemple, la mise en œuvre de brise-lames géotubes à Sungai Haji Dorani Selangor a été couronnée de succès car les brise-lames géotubes conviennent mieux aux zones où les forces hydrodynamiques sont faibles.
Ensuite, les efforts de replantation de la mangrove sont également adaptés à la région de la côte ouest. L'île Carey, située à Selangor, a déjà connu une perte extrême de mangrove en raison de l'activité anthropique. Cette situation est due à l'emplacement de l'île Carey, située à 70 km de Port Klang, qui est également le principal facteur du recul de la mangrove. Pour éviter que la perte de la mangrove n'affecte l'érosion, une replantation structurée de la mangrove a été effectuée. Selon Bakrin Sofawi, Rozainah, Normaniza, & Roslan, (2017), la replantation structurée de la mangrove qui utilise des digues artificielles et des brise-vagues écologiques s'est avérée fructueuse.

Sabah et Sarawak
La mise en œuvre de défenses côtières à Sabah et Sarawak est très limitée dans la littérature. D'après le NCES 2015, les plages de sable sont courantes sur le littoral du Sarawak, tandis que l'argile et le limon sont des sols courants le long de la côte du Sabah. En général, l'argile et le limon sont associés aux forêts de mangroves qui constituent la protection naturelle contre les vagues. Cependant, les zones de mangrove diminuent actuellement en raison de l'action des vagues, des catastrophes naturelles et des activités humaines, notamment le développement du tourisme dans les zones côtières, comme les stations et les chalets. Parmi les défenses côtières artificielles mises en œuvre à Sabah, on trouve l'utilisation de structures artificielles pour reconstruire les pertes du littoral sur l'île de Selingan, à Sandakan. Selon Chen, Saleh, Yap, & Isnain, (2018), l'île de Selingan est le célèbre lieu de nidification des tortues et fait partie du Turtle Island Park (TIP) qui a subi une érosion de la plage entraînant la réduction du lieu de nidification. Par conséquent, les boules de récifs comme structures artificielles ont été inventées et mises en œuvre pour restaurer la plage érodée. La mise en place de la structure a augmenté la plage de sable dans la partie sud de l'île.

Ensuite, tout comme Sabah, Sarawak a également moins documenté la structure côtière récente appliquée à l'État. Les défenses côtières du Sarawak ont été publiées récemment, en 2018, en raison de l'impact de l'érosion de la région côtière de Miri due à la forte charge sédimentaire des rivières. Selon Anandkumar et. (2018), une étude a été menée de la rivière Baram à la plage de Bungai qui a couvert 11 sites touristiques importants et des plages commerciales à environ 74 km pour déterminer l'accrétion et l'érosion le long de la côte. L'évaluation a révélé que le modèle d'accrétion a commencé après la construction de brise-lames, d'épis et de revêtements rocheux le long de la zone érodée. La superficie de la zone érodée est passée de 546 acres à 746 acres après la mise en place de la structure de défense côtière.

Applications des différents types de défense côtière en Malaisie
La gestion des problèmes côtiers tels que l'érosion côtière ne peut être réalisée efficacement que par l'utilisation de méthodes et de techniques appropriées. Cela inclut l'utilisation de protections côtières, comprenant à la fois une défense dure et douce (Williams et al., 2018). Chacune de ces protections côtières peut être utilisée pour différentes applications et objectifs en fonction des besoins et des conditions rencontrées.

Ingénierie douce
Alimentation

Le rechargement des plages ou l'alimentation des plages consiste à ajouter du sable sur la plage touchée ou érodée afin d'en augmenter la largeur et l'élévation. Cette technique d'ingénierie douce peut être trouvée dans le monde entier, principalement dans la zone côtière avec un développement massif, car elle fonctionne pour réduire les impacts de l'érosion ingérable. Selon Mangor et al. (2017), le rechargement peut être regroupé en cinq types : le rechargement des dunes, le rechargement de l'arrière-plage, le rechargement de la plage, le rechargement du littoral et le rechargement du profil (figure 2). Chaque type de rechargement a un objectif différent, par exemple, le rechargement des dunes sert à renforcer la dune contre la rupture pendant une érosion aiguë, tandis que le rechargement de l'arrière-plage sert à renforcer la partie supérieure de la plage (au pied des dunes).

Le rechargement est l'une des approches qui est très flexible et bien adaptée pour s'adapter à l'élévation du niveau de la mer car le rechargement peut être facilement ajusté. Grâce à cette méthode, les investissements côtiers ainsi que la valeur des plages peuvent être maintenus et conservés respectivement pour le tourisme et les loisirs (Masria et al., 2015). Le principal avantage de cette défense douce est dû à son principe de fonctionnement qui est très flexible en permettant au sable de se déplacer continuellement en réponse aux changements de vagues et de niveaux d'eau. En outre, l'ajout de sédiments qui satisfont les forces d'érosion peut par la suite diminuer les impacts de l'érosion côtière tout en fournissant des avantages aux zones adjacentes par la distribution de sédiments par la dérive littorale. Malgré cela, cette technique ne peut pas être considérée comme la meilleure solution car il s'agit de réalimentations périodiques et non permanentes. En outre, l'ajout de sédiments peut également avoir un impact négatif sur l'environnement en enterrant directement les animaux et les organismes résidant sur la plage (Masria et al., 2015). En Malaisie, la plupart des plages qui sont devenues des attractions touristiques ont fait l'objet d'un rechargement de plage, par exemple à Teluk Chempedak, Pahang.

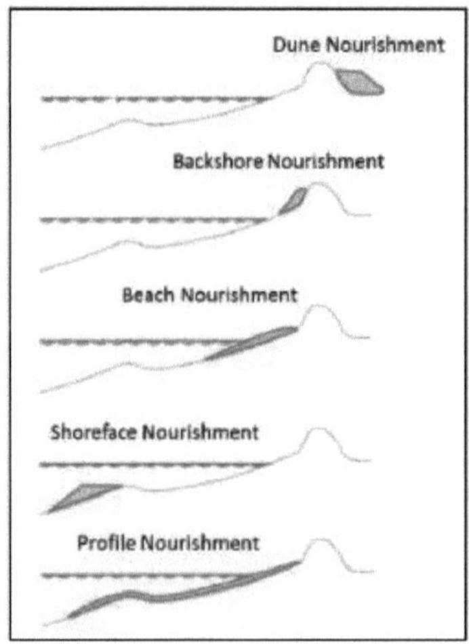

Fig. 2 : Différents types d'approche d'alimentation

Drainage de la plage

Le drainage de plage ou connu sous le nom d'assèchement de plage est un système qui repose sur le drainage de la plage. D'après Mangor *et al* (2017), le drainage de plage permet d'augmenter le niveau de la plage près du tuyau d'installation, ce qui améliore directement la largeur de la plage. L'approche du drainage de plage est toujours soutenue par des systèmes de modules d'égalisation de pression (PEM). Il s'agit de tuyaux verticaux disposés de manière à former une matrice le long de la plage et à favoriser l'accrétion de sable pour réduire l'érosion. Le système PEM améliore et renforce la capacité de la plage à se drainer, ce qui permet d'évacuer davantage d'eau dans la couche supérieure de la plage. Ainsi, plus de sable est déposé plutôt que d'être emporté par les vagues. Grâce à cela, le niveau des eaux souterraines peut être maintenu à un niveau bas (Masria *et al*, 2017). L'application du système de drainage de plage est idéale pour les plages de sable exposées à la marée et parfois modérément exposées aux vagues. Il est également bon pour les plages qui n'ont qu'une érosion mineure afin de réduire les coûts nécessaires. Cependant, il n'est pas approprié d'appliquer le système de drainage de plage lorsque la plage est gravement endommagée par l'érosion et l'érosion causée par l'élévation du niveau de la mer. A Kuantan, le système PEM a été utilisé pour le rechargement des plages en 2004 pour lutter contre l'érosion côtière. L'évaluation après le processus de surveillance a montré que les systèmes PEM et la méthode de rechargement des plages à Kuantan sont efficaces, non seulement contre l'érosion mineure mais aussi contre l'augmentation de la largeur et du niveau de la plage.

Restauration des marais et des mangroves
La restauration est un processus qui vise à ramener un système à un état préexistant (Schmitt & Duke, 2015). La définition de la restauration des marais et des mangroves fait référence à la protection de la stabilité de la plateforme des marais et des mangroves contre l'érosion et les inondations. La forêt de mangrove agit comme une barrière naturelle pour absorber et dissiper l'énergie des vagues de l'eau de mer. La stabilité de ces plateformes sera menacée si la végétation de la ceinture était endommagée (Mangor *et al*, 2017). La protection des plates-formes côtières basses nécessite une gestion efficace et une bonne participation du public, en particulier de la communauté côtière. La mangrove aide en tant que barrière naturelle pour surmonter toute perturbation ou catastrophe naturelle, c'est-à-dire le tsunami ou l'onde de tempête qui peut affecter les propriétés côtières autour des zones côtières. La restauration de la mangrove peut se faire en imposant une restriction des activités dans la zone de mangrove, en plantant une nouvelle végétation de mangrove et en rétablissant le flux naturel dans la zone de mangrove. Quant aux plates-formes marécageuses, elles peuvent être restaurées en favorisant la croissance naturelle des marais par la construction de pièges à sédiments sur les marées peu profondes afin d'améliorer la croissance des marais. En Malaisie, le gouvernement a alloué un certain montant de fonds pour la réhabilitation de la mangrove dans le cadre du 9ème plan malaisien et un petit budget a été accordé pour la conduction de la R&D liée à cette question (Rahman & Asmawi, 2016). Pour que le programme de restauration soit efficace, une bonne planification et une bonne évaluation du site sont essentielles pour assurer la survie de la ceinture de mangrove dans la zone côtière basse. La réussite de la restauration de la mangrove en Malaisie peut être observée à Carey Island, où la restauration a été soutenue par des digues artificielles et des brise-vagues écologiques.

Fig. 3 : Régénération naturelle de *Rhizophora apiculata*

Ingénierie dure
Brise-lames
Un brise-lames est une structure construite pour former un port artificiel avec un bassin protégé des effets des vagues. Les brise-lames peuvent être divisés en deux types principaux, à savoir les brise-lames détachés et les brise-lames immergés. Les différences dans l'application de ces structures sont les suivantes : le premier contribue à promouvoir une répartition uniforme du matériel littoral le long de la côte, tandis que le second permet de protéger les ports et les canaux de navigation de l'action des vagues. Ainsi, une zone calme peut être créée pour les navires et les activités touristiques. En absorbant les vagues, les brise-lames contribuent à réduire l'énergie des vagues dans la partie sous le vent du brise-lames, créant ainsi naturellement un saillant ou un tombolo derrière la structure qui est capable d'influencer le transport sédimentaire longshore (Shin et al., 2019). En outre, la conception actuelle des brise-lames, en particulier le type immergé, tend à

sert un autre objectif en tant que récif artificiel polyvalent qui peut indirectement contribuer à développer l'habitat des poissons tout en protégeant la côte.

Néanmoins, les principaux défis liés à l'utilisation des brise-lames comme protections côtières sont relativement très difficiles à construire et nécessitent une conception spéciale afin d'obtenir un résultat efficace. Lors de la construction d'une digue, certains paramètres doivent être pris en compte, tels que les impacts environnementaux, l'étude géotechnique, l'équipement utilisé pour obtenir les sédiments nécessaires et l'étude hydrographique. En outre, les structures sont également très vulnérables à l'action des vagues et nécessitent donc des structures supplémentaires pour les soutenir (Izzat et al., 2018). La défaillance courante des brise-lames provient généralement de ses éléments structurels et du renversement du mur. À Terengganu, une série de brise-lames ont été construits pour réduire l'impact de l'érosion causée par la construction de l'extension de l'aéroport, qui a considérablement modifié le transport des sédiments et fortement érodé Pantai Tok Jembal.

Fig. 4 : Un seul brise-lames attaché à Terengganu

Groynes

Les épis, quant à eux, sont des structures construites perpendiculairement à la ligne de rivage et servent à bloquer une partie de la dérive littorale en piégeant et en maintenant le sable dans les zones en amont. Grâce à l'utilisation d'épis, les effets de l'érosion peuvent être diminués à l'approche du littoral en modifiant la configuration des courants et des vagues. Les épis peuvent se présenter sous différentes formes : émergés, inclinés ou immergés, et ils peuvent se présenter sous la forme d'un seul ou de groupes, connus sous le nom de champs d'épis. Quant aux matériaux utilisés, les épis peuvent être en bois, en palplanches, en béton, en moellons ou remplis de sable (Masria et al., 2015). Différents types de matériaux peuvent être utilisés dans différentes conditions en fonction du niveau de protection requis. En outre, cette structure est particulièrement appréciée dans les zones touristiques, car elle permet de construire une plage, ce qui donne une plage plus large susceptible d'attirer les touristes. Néanmoins, les inconvénients de cette structure sont qu'elle nécessite un entretien fréquent et qu'elle est limitée aux zones où les vagues sont moyennes. Dans le cas contraire, les fortes vagues pénètrent jusqu'à la paroi de la falaise, ce qui entraîne une érosion supplémentaire de la falaise (Williams et al., 2018).

Digues de mer

La digue est une structure dure qui a été construite le long du littoral, au pied d'éventuelles dunes. La digue a été construite pour prévenir les problèmes d'érosion et le recul du littoral en protégeant le rivage de l'action des vagues et des ondes de tempête. En outre, les digues offrent d'autres avantages, comme des possibilités de visites touristiques et d'activités de loisirs. Elle est conçue pour protéger le littoral en résistant à la force de
les ondes de tempête. Une digue typique a généralement une structure en pente qui peut être lisse, en escalier ou incurvée. Il existe généralement trois types de digues : les digues en moellons, les digues en blocs et les digues en acier ou en bois. Parfois, un revêtement est également utilisé en complément de la digue pour ralentir le processus d'affouillement au pied de la digue, ou parfois une seule structure dans les zones moins exposées. Si le pied de la digue est endommagé, cela provoquera le renversement du mur. C'est la principale raison pour laquelle la plupart des digues construites ont échoué. Il est donc important de prévoir une protection du pied lors du processus de conception de la digue. La construction de digues peut être coûteuse, mais avec des structures très bien planifiées et conçues, elle peut être la meilleure solution pour la protection des côtes (Strain et al., 2018 ; Strain et al., 2020).

Fig. 5 : Construction d'une digue simple à Padang Kota Lama, Esplanade de Penang

Revetment
Le remblai est une structure passive, une structure parallèle au rivage qui est construite et qui ressemble aux digues, sauf que le remblai est construit avec une pente plus horizontale, plus inclinée qu'une digue. Une digue est une structure verticale tandis que le revêtement a une pente distincte (Paeniu *et al*, 2015). Selon Sadeghi & Al-Othman (2019), le revêtement est une structure parallèle au littoral pour protéger le littoral des érosions en absorbant et en réduisant l'énergie des vagues avant qu'elles n'atteignent les berges. Cependant, la prévention ne protège pas des inondations et est considérée comme un complément à d'autres types de structures telles que les digues ou les murs de mer. Il existe deux groupes courants de revêtements : les revêtements exposés et les revêtements enterrés. En ce qui concerne les revêtements exposés, on en trouve de nombreux types, notamment les <u>dalles de </u>béton emboîtées (<u>Flex Slabs</u>), les blocs de béton, les matelas de pierre à mailles en filet et les tubes de sable géotextiles.

Ils ajoutent que les revêtements comportent trois parties importantes : i) la couche de blindage, qui protège contre l'action des vagues, ii) la zone de filtrage, qui bloque les sédiments et permet à l'eau de passer, et iii) le revêtement des pieds, qui protège la structure contre le délogement et fournit le soutien nécessaire. L'une des applications du revêtement peut être observée à Sungai Burung, Selangor, en utilisant l'unité de blindage simplifiée 'H' ou SAUH comme revêtement en béton pour la protection des escarpements et des digues (Department of Irrigation and Drainage Malaysia, 2017). Néanmoins, le revêtement présente un impact visuel élevé sur le paysage, ce qui peut être pire car il peut rendre certaines plages inaccessibles aux personnes.

Fig. 6 : Revêtement de dalles flexibles le long d'une berge à Labuan

Fig. 7 : SAUH utilisés à Sungai Burung, Selangor.

Fig. 8 : Exemples de défaillances de revêtements en blocs de béton en Malaisie : A gauche : affouillement de la pointe (Penang). A droite : Par débordement (Labuan).

Applications des différents types de défense côtière en Malaisie Tube géotextile sur la côte sableuse de Teluk Kalong, Malaisie

L'érosion sévère des plages de sable est devenue un problème majeur à Teluk Kalong, l'un des sites touristiques les plus populaires de Malaisie. Ce phénomène est dû aux effets des vagues rapides et de la mousson du nord-est, dont la hauteur peut atteindre 1,8 mètre et 4,8 mètres respectivement. En raison de ces facteurs, un projet de réparation a été mis en œuvre par le département des travaux publics pour remédier à ce problème. Ce projet de restauration de plage vise à améliorer la valeur du front de mer et à réduire le niveau d'érosion à un coût minimal (Lee et al., 2014). Pour ce projet, des structures géosynthétiques en tube géotextile qui sont fréquemment utilisées pour la protection des côtes ont été utilisées. En dehors de son faible coût et de sa rapidité d'installation, le tube géotextile a été appliqué en raison de sa capacité de défense côtière et il ne nécessite qu'un équipement simple.

Le long du littoral, une longueur totale de 500 m de tronçons est couverte par des tubes géotextiles d'un diamètre de 3,5 et est située à 150 m au large. Grâce à cette protection côtière, il a été signalé que l'utilisation de tubes géotextiles est efficace dans ce projet car il y a une augmentation de 1,8 m en moyenne pour l'épaisseur des sédiments avec une accumulation estimée de 87 317 m3 de sédiments (Lee et al., 2014). En effet, cette restauration de plage permet de diminuer le niveau d'eau sous le vent des tubes géotextiles et ainsi de diminuer les forces des vagues entrantes atteignant la plage. Ainsi, l'énergie dynamique entrante qui conduit à l'érosion du littoral est réduite, ce qui entraîne un faible taux d'érosion (Lee et al., 2014). Les différences dans l'état de la plage entre avant et après l'installation des tubes géotextiles sont représentées sur la figure 9.

Fig. 9 : Etat de la plage (a) avant et (b) après l'installation des tubes géotextiles (2007 - 2008)

Brise-lames à boules de récifs sur l'île de Selingan

L'application d'une structure artificielle peut être observée sur l'île de Selingan, l'une des îles du parc des îles Tortues (TIP), qui est continuellement touchée par l'érosion des plages. En tant que site touristique offrant aux touristes l'expérience de la nidification des tortues, l'érosion due à l'impact des moussons, des événements extrêmes et des processus côtiers locaux cause divers dommages, en particulier à l'habitat et aux infrastructures. Pour cette raison, Sabah Parks a commencé à collaborer avec la Reef Ball Foundation pour l'installation de boules de récifs comme protection côtière. Un total de 290 ensembles de boules de récifs ont été installés dans la partie sud de l'île en les disposant en trois rangées différentes à des fins de stabilité (Chen et al., 2018). La disposition des boules de récifs installées sur l'île de Selingan est représentée sur la figure 4. En plus de stabiliser le littoral par l'atténuation et la réfraction des vagues comme un brise-lames submergé, les boules de récifs fonctionnent également comme un habitat pour diverses vies marines également.

Grâce à l'application de cette structure côtière, le processus de dépôt de sable a montré une augmentation de l'année 2010 à l'année 2017 dans la partie sud de l'île de Selingan. Cela est dû à la vague qui se brise lorsqu'elle entre en contact avec les boules de récif, réduisant ainsi l'énergie de la vague lorsque l'eau s'approche du rivage, diminuant l'impact de l'érosion. En outre, l'activité de nidification des tortues a également été signalée comme étant active par rapport à la situation avant l'installation des boules de récifs, ce qui indique que l'utilisation des boules de récifs a été efficace.

Le brise-lames à boules de récifs de l'île de Selingan peut être considéré comme efficace (Chen et al., 2018). Malgré cela, le défi majeur qui est impliqué dans ce projet est que la performance des boules de récifs dans la protection du littoral dépend fortement de l'énergie des vagues entrantes. Ainsi, ce n'est que lorsque l'énergie des vagues est faible que les boules de récifs sont capables de fonctionner en ralentissant les vagues et en permettant au sable de se déposer sur ces structures ou à proximité (Chen et al., 2018).

Fig. 10 : Disposition des boules de récifs dans l'île de Selingan

L'état des connaissances sur les succès et les échecs des défenses côtières en Malaisie
Sur la base de ce qui a été examiné, on comprend vraiment ce qui a été fait dans la mise en œuvre de la défense côtière pour se préparer aux défis auxquels sont confrontées les zones côtières. Cependant, il y a toujours des risques d'impacts négatifs si le processus de sélection et le développement sont ignorés par les agences responsables. Par la suite, les processus de pré-développement et de post-développement sont également importants pour assurer le succès des projets visant à surmonter ces défis. Par conséquent, il faut garder à l'esprit que la sélection des structures de défense côtière, qu'il s'agisse d'une défense dure ou d'une défense souple, doit être adaptée à la protection du littoral. En général, un bon état et un bon environnement des zones côtières sont essentiels pour accéder à la capacité de l'option de défense côtière à fonctionner comme il se doit (Chadwick, A., 2020). Les causes et les effets des défis côtiers doivent toujours être pris en compte lors du traitement des travaux impliquant le mouvement du littoral. En effet, la mise en œuvre d'ouvrages côtiers peut affecter la morphologie de la côte et entraîner une érosion ou une accrétion du littoral. Par exemple, dans certains cas, les voies de sédimentation peuvent provenir de sources offshore, tandis que dans d'autres cas, ces processus peuvent ne plus être actifs. Par conséquent, cette revue a fortement souligné que l'adéquation de la morphologie côtière comme base doit être prise en compte dans le choix de l'option et de la conception de la défense côtière.

En outre, la défense par ingénierie douce, telle que la reconstitution du sable, serait mieux mise en œuvre comme défense naturelle contre l'érosion côtière et les inondations. Cette approche est considérée comme respectueuse de l'environnement en raison du paysage non perturbé de la zone de la plage par rapport à la défense par ingénierie dure. Cependant, cette approche nécessite un entretien constant chaque année en ajoutant du sable et des galets, car les matériaux déposés précédemment sur la plage ont été emportés par les vagues. Néanmoins, lorsque la vie humaine et les biens humains sont en danger et doivent être protégés, l'utilisation d'éléments durs pour une défense peut être essentielle et inévitable. Il est important de noter que les structures en dur telles que les épis, les brise-lames et les gabions de mer sont utiles pour absorber l'énergie des vagues et protéger le littoral des défis côtiers. Il convient de noter que les différentes options de structures de défense côtière ont des durées de vie et des coûts d'entretien différents. Par conséquent, une réflexion globale doit être menée correctement avant de mettre en œuvre ces protections côtières contre les défis côtiers.

CONCLUSION

L'érosion côtière peut être considérée comme un processus naturel qui se produit en permanence sous l'effet du vent, des vagues, des marées et des courants. Cependant, en raison de l'interférence des activités humaines telles que l'urbanisation et le développement lourd, ainsi que le changement climatique global et l'élévation du niveau de la mer, l'érosion côtière est en train de se produire. l'érosion devient grave et incontrôlable. Ainsi, les infrastructures côtières sont utilisées pour surmonter ce problème. En Malaisie, les différents types de défense côtière ont des rôles et des applications différents en fonction des emplacements géographiques spécifiques. Pour la côte ouest, il s'agit de la côte boueuse, des revêtements rocheux et des digues côtières. En revanche, les défenses côtières telles que les brise-lames, les épis et les enrochements sont plus souvent utilisées sur les côtes sablonneuses de la côte est. En outre, les enrochements, les gabions et les épis sont surtout utilisés au Sarawak, tandis que les roches de protection, les enrochements, les blocs de Labuan et les digues sont utilisés au Sabah.

Les structures dures et souples sont susceptibles d'être utilisées de différentes manières et de poser des problèmes de protection des côtes. Malgré la capacité des digues à protéger efficacement le littoral en redirigeant l'énergie des vagues vers l'eau de l'océan, elles sont connues pour être très coûteuses, exiger un grand espace et dépendre fortement de la taille et de la forme de la digue. En ce qui concerne les cloisons qui offrent une protection pour les hautes terres, les défis sont liés à l'impossibilité d'être utilisées dans les zones à forte énergie. D'autre part, les épis sont appliqués pour réduire les effets de l'érosion par la modification de la configuration des courants et des vagues. Cependant, un entretien fréquent est nécessaire et il est préférable de ne les utiliser que dans les zones à vagues moyennes. Quant aux brise-lames, ils sont généralement utilisés pour la formation de ports artificiels en réduisant l'énergie des vagues dans les parties sous le vent des brise-lames. Néanmoins, le processus de construction est assez complexe et des structures supplémentaires sont généralement nécessaires pour soutenir les brise-lames. En ce qui concerne la défense douce, le rechargement des plages est l'une des options temporaires pour réduire les effets de l'érosion sans endommager le paysage de la plage. L'autre défense douce, les dunes de sable, fonctionnent en piégeant et en stabilisant le sable soufflé et présentent de faibles impacts négatifs, mais elles ne sont applicables que sur les côtes peu développées.

RÉFÉRENCES

Ab Razak, M.S., Suryadi, F.X., Jamaluddin, N., et Mohd Noor, N.A.Z. (2018). Stabilité de la forme de la ligne de côte des plages englouties le long de la côte péninsulaire malaisienne. Dans : Shim, J.-S. ; Chun, I., et Lim, H.S. (eds.), Proceedings from the International Coastal Symposium (ICS) 2018 (Busan, République de Corée). Journal of Coastal Research, numéro spécial n° 85, p. 631-635. Coconut Creek (Floride), ISSN 0749-0208. Récupéré de file:///C:/Users/user/AppData/Local/Temp/SI85- 127.1.pdf

Afshin Jahangirzadeh et.al (2012). Effets de la construction d'une structure côtière sur l'écosystème. Académie mondiale des sciences, de l'ingénierie et de la technologie. Université de Malaya (Kuala Lumpur). Récupéré sur http://eprints.um.edu.my/14068/1/v65-136.pdf

Airoldi, L., Abbiati, M., Beck, M. W., Hawkins, S. J., Jonsson, P. R., Martin, D., ... & Åberg, P. (2005). An ecological perspective on the deployment and design of low-crested and other hard coastal defense structures. Coastal engineering, 52(10-11), 1073-1087.

Airoldi, L., & Bulleri, F. (2011). La perturbation anthropique peut déterminer l'ampleur des réponses des espèces opportunistes sur les infrastructures urbaines marines. PLoS One, 6(8).

Amri Mohd, F., Nizam Abdul Maulud, K., A. Karim, O., Ara Begum, R., Firoz Khan, M., Shafrina Wan Mohd Jaafar, W., ... Abd Wahab, N. (2018). Une évaluation de la vulnérabilité de la côte de Pahang en raison de l'élévation du niveau de la mer. *International Journal of Engineering & Technology, 7(*3.14), 176. https://doi.org/10.14419/ijet.v7i3.14.16880

Anandkumar, A., Vijith, H., Nagarajan, R. et Jonathan, M. P. (2018). Évaluation des changements décennaux du littoral dans la région côtière de Miri, Sarawak, Malaisie. Dans *Coastal Management : Global Challenges and Innovations.* https://doi.org/10.1016/B978-0-12-810473-6.00008-X

Ariffin, E. H., Sedrati, M., Akhir, M. F., Norzilah, M. N. M., Yaacob, R., & Husain, M. L. (2019). Observations à court terme de la morphodynamique des plages pendant les moussons saisonnières : deux exemples de la côte de Kuala Terengganu (Malaisie). *Journal of Coastal Conservation, 23*(6), 985-994. https://doi.org/10.1007/s11852-019-00703-0

Réseau atlantique pour la gestion des risques côtiers (s.d.). Aperçu des solutions douces de protection du littoral.
Récupéré sur https://corimat.net/wpcontent/uploads/2017/03/2_Outil2_56P_ FR.pdf

Awang, N. A., Jusoh, W. H. W. et Hamid, M. R. A. (2014). Érosion côtière à Tanjong Piai, Johor, Malaisie. *Journal of Coastal Research, 71,* 122-130. https://doi.org/10.2112/si71-015.1

Bakrin Sofawi, A., Rozainah, M. Z., Normaniza, O., & Roslan, H. (2017). Réhabilitation de la mangrove sur l'île Carey, Malaisie : une évaluation des techniques de replantation et des propriétés des sédiments. *Marine Biology Research, 13*(4), 390-401. https://doi.org/10.1080/17451000.2016.1267365

Buck, P. (2018). *La conception des remblais côtiers, des digues et des cloisons.* Magazine Pile Bulk. https://www.pilebuck.com/marine/the-design-of-coastal-revetments-seawalls-and-bulkheads/

Chapman, M. G., & Underwood, A. J. (2011). Évaluation de l'ingénierie écologique des rivages "blindés" pour améliorer leur valeur en tant qu'habitat. Journal of experimental marine biology and ecology, 400(1-2), 302-313.

Chen, N.-G., Saleh, E., Yap, T. K., & Isnain, I. (2018). Effet des structures artificielles sur le profil du littoral de l'île de Selingan, Sandakan, Sabah, Malaisie. *Borneo Journal of Marine Science and Aquaculture, 2*(décembre), 9-15.

Département de l'irrigation et du drainage de la Malaisie (2015). *Étude nationale sur l'érosion côtière (NCES) 2015. Kawasan-pantai-hakisan-kategori-1.* Récupéré de
http://www.data.gov.my/data/ms_MY/dataset/kawasan-pantai-hakisan-kategori-1/resource/ed806db7-d2a2-4173-9989-a015907e8245?inner_span%3DTru

Evans, A. J. (2016). Structures artificielles de défense côtière comme habitats de substitution pour les rivages rocheux naturels : donner un coup de pouce à la nature (thèse de doctorat, Université d'Aberystwyth).

Firth, L. B., Mieszkowska, N., Thompson, R. C., & Hawkins, S. J. (2013). Changement climatique et impacts adaptatifs dans les systèmes côtiers : le cas des défenses maritimes. Environmental Science : Processes & Impacts, 15(9), 1665-1670.

Firth, L. B., Thompson, R. C., Bohn, K., Abbiati, M., Airoldi, L., Bouma, T. J., Hawkins, S. J. (2014). Entre le marteau et l'enclume : Considérations environnementales et d'ingénierie lors de la conception des coastaldefensestructures . *CoastalEngineering*, *87*, 122-135. https://doi.org/10.1016/j.coastaleng.2013.10.015

Foti, E., Musumeci, R. E., & Stagnitti, M. (2020). Techniques de défense côtière et changement climatique : une revue. *Rendiconti Lincei*, *31*(1), 123-138. https://doi.org/10.1007/s12210-020-00877-y

Hamakareem, M., I. (2012). Types de structures de protection côtière et leurs détails. Récupéré sur https://theconstructor.org/structures/coastal-protection-structures/14020/

Hanak, E., & Moreno, G. (2012). Gestion des côtes californiennes avec un climat changeant. Climatic Change, 111(1), 45-73.

Hawkins, S. J., Burcharth, H. F., Zanuttigh, B., & Lamberti, A. (2010). Environmental design guidelines for low crested coastal structures. Elsevier.

Izzat, I., Im, N., Razak, A., Shahrizal, M., & Safari, M. D . (2018). *Une brève revue des brise-lames immergés*. https://doi.org/10.1051/matecconf/201820301005

Lee, S. C., Hashim, R., Motamedi, S., et Song, K.-I. (2014). *Utilisation du tube géotextile pour la gestion des côtes sableuses et boueuses : A Review*. https://doi.org/10.1155/2014/494020

Loke, L. H., Heery, E. C., & Todd, P. A. (2019). Shoreline defenses. Dans *World Seas : An Environmental Evaluation* (pp. 491-504). Academic Press.

Mangor, K., Dronen, N., Kaergaard, K. et Kristensen, S., 2017. *Lignes directrices pour la gestion du littoral*. [ebook] Horsholm: DHI. Disponible à : <https://www.dhigroup.com/upload/campaigns/ShorelineManagementGuidelines_Feb2017.pdf> [consulté le 15 juin 2020].

Masria, A., Iskander, M., & Negm, A. (2015). Mesures de protection côtière, étude de cas (zone méditerranéenne, Égypte). *Journal of coastal conservation*, *19*(3), 281-294.

MatAmin, Abd., Ahmad, M., Mamat, M., Rivaie, M. & Abdullah, Khiruddin. (2012). Variation des sédiments le long de la côte est de la Malaisie péninsulaire. Questions écologiques. 16. 10.2478/v10090-012-0010-
6. Récupéré sur
de
https://www.researchgate.net/publication/274654555_Sediment_Variation_along_the_East_Co ast_ de_Peninsular_Malaysia

(Malaisie). Journal of Tropical Biology and Conservation, 14 : 83-94. ISSN 1823-3902. Récupéré sur https://www.ums.edu.my/ibtpv2/files/06.pdf

Milad Bagheri. et.al (2019). Analyse des changements du littoral et prédiction de l'érosion à l'aide de données historiques de Kuala Terengganu, Malaisie. Environmental Earth Sciences (2019) 78:477, doi.org/10.1007/s12665-019- 8459-x. Récupéré sur https://www.researchgate.net/publication/334747518_Shoreline_change_analysis_and_erosion _pre diction_using_historical_data_of_Kuala_Terengganu_Malaysia.

Ministère des ressources naturelles et de l'environnement. (2009). *Activités de gestion du littoral*. Consulté sur http://www.water.gov.my/activities-mainmenu-184v, le 4 novembre 2014.

Paeniu, L., Iese, V., Jacot Des Combes, H., & De Ramon, N. (2015). 'Yeurt A, Korovulavula I, Koroi A, Sharma P, Hobgood N, Chung K, Devi A. *Coastal Protection : Les meilleures pratiques du Pacifique. Centre du Pacifique pour l'environnement et le développement durable. (PaCE-SD). L'Université du Pacifique Sud, Suva, Fidji.*

Pranzini, E. (2018). La protection du littoral en Italie : De l'ingénierie dure à l'ingénierie douce et retour. *Ocean and Coastal Management*, *156*, 43-57. https://doi.org/10.1016/j.ocecoaman.2017.04.018

Rahman, M. A. A., et Asmawi, M. Z. (2016). La conscience des résidents locaux envers la question de la dégradation de la mangrove à Kuala Selangor, Malaisie. *Procedia-Sciences sociales et comportementales*, *222*, 659-667.

Révélation. (2017). Département de l'irrigation et Drainage. https://www.water.gov.my/index.php/pages/view/536

Sadeghi, K., & Dania, A. L. (2019). Une introduction aux structures onshore 'construction.

Sadeghi, K., Abdeh, A., & Al-Dubai, S. (2017). Un aperçu de la construction et de l'installation de brise-lames verticaux. *International Journal of Innovative Technology and Exploring Engineering*, *7*(3), 1-5.

Schmitt, K., & Duke, N. C. (2015). Gestion, évaluation et suivi des mangroves. *Manuel de foresterie tropicale*, 1-29.

Shin, E. C., Kim, S. H., Hakam, A., & Istijono, B. (2019). Problèmes d'érosion du littoral et contre mesure par divers géomatériaux. *MATEC Web of Conferences*, *265*, 01010. https://doi.org/10.1051/matecconf/201926501010

Strain, E. M., Olabarria, C., Mayer-Pinto, M., Cumbo, V., Morris, R. L., Bugnot, A. B., & Bishop, M. J. (2018). Éco-ingénierie des infrastructures urbaines pour la biodiversité marine et côtière : quelles interventions ont le plus grand bénéfice écologique ? *Journal of Applied Ecology*, *55*(1), 426-441.

Strain, E. M. A., Cumbo, V. R., Morris, R. L., Steinberg, P. D., & Bishop, M. J. (2020). Effets interactifs de la structure de l'habitat et de l'ensemencement en huîtres sur la biodiversité intertidale des digues. *PloS one*, *15*(7), e0230807.

Syakir, M., Zulfakar, Z., Akhir, M. F., Helmy, E., Awang, N. O. R. A., Azam, M., Muslim, A. M. (2020). L'effet des protections côtières sur l'évolution du littoral à Kuala Nerus, Terengganu (Malaisie). *Journal of of Sustainability Science and Management*, *15*(3), 1-15.

Williams, A. T., Rangel-Buitrago, N., Pranzini, E., & Anfuso, G. (2018). La gestion de l'érosion côtière. In *Ocean and Coastal Management* (Vol. 156, pp. 4-20). Elsevier Ltd. https://doi.org/10.1016/j.ocecoaman.2017.03.022

Yanalagaran, R., Ramli, N. I., & Ramadhansyah, P. J. (2019, février). Aperçu de la catastrophe d'érosion côtière induite par la mousson en Malaisie péninsulaire basée sur les rapports des médias de masse. Dans IOP Conference Series : Earth and Environmental Science (Vol. 244, No. 1, p. 012035). IOP Publishing.

yes I want morebooks!

Buy your books fast and straightforward online - at one of world's fastest growing online book stores! Environmentally sound due to Print-on-Demand technologies.

Buy your books online at
www.morebooks.shop

Achetez vos livres en ligne, vite et bien, sur l'une des librairies en ligne les plus performantes au monde!
En protégeant nos ressources et notre environnement grâce à l'impression à la demande.

La librairie en ligne pour acheter plus vite
www.morebooks.shop